科学的感动

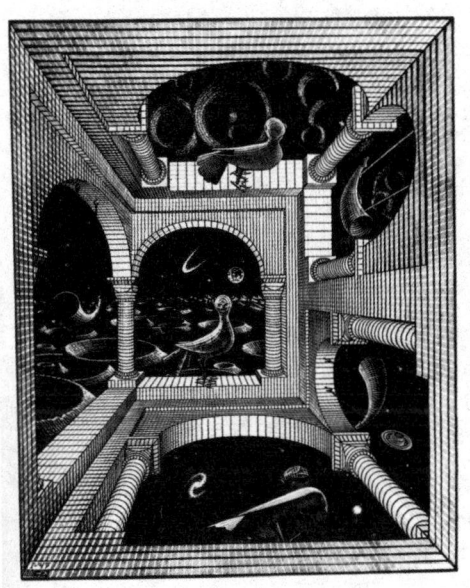

［日］茂木健一郎 著
代芳芳 译

爱因斯坦和相对论

· 广州 ·

图书在版编目（CIP）数据

科学的感动：爱因斯坦和相对论／(日)茂木健一郎著；代芳芳译.—广州：广东人民出版社，2018.3
ISBN 978-7-218-12607-4

Ⅰ.①科… Ⅱ.①茂…②代… Ⅲ.①爱因斯坦，A.(1879~1955)—人生哲学②相对论—研究 Ⅳ.① K837.126.11 ② O412.1

中国版本图书馆 CIP 数据核字（2018）第 035850 号

广东省版权著作权合同登记号：图字：19-2017-140
EINSTEIN TO SOTAISEIRIRON GA YOKUWAKARU HON
Copyright© 2016 by Kenichiro MOGI
ILLustrations by Yukie ABE
First published in Japan in 2016 by PHP Institute, Inc.
Simplified Chinese translation rights arranged with PHP Institute, Inc.
through Bardon-Chinese Media Agency

Kexue De Gandong：Aiyinsitan He Xiangduilun
科学的感动：爱因斯坦和相对论
〔日〕茂木健一郎 著　代芳芳 译　　版权所有　翻印必究
出 版 人：肖风华

策划编辑：詹继梅
责任编辑：马妮璐
责任技编：周　杰　易志华
封面设计：观止堂_未氓　李　滨

出版发行：广东人民出版社
地　　址：广州市大沙头四马路10号（邮政编码：510102）
电　　话：(020)83798714（总编室）
传　　真：(020)83780199
网　　址：http://www.gdpph.com
印　　刷：北京时尚印佳彩色印刷有限公司
开　　本：880mm×1230mm　1/32
印　　张：5.5　　**字　　数**：120千字
版　　次：2018年3月第1版　2018年3月第1次印刷
定　　价：38.00元

如发现印装质量问题，影响阅读，请与出版社(020-83795749)联系调换。
售书热线：(020)83795240

文库版前言

只有磨难能浇灌出才能之花

前些天,新闻媒体大肆报道检测出了引力波。

这是爱因斯坦的广义相对论中预言的时空"弯曲"传递出的波动。在这一理论发表约100年后的2016年2月,以美国为中心的研究团队宣布成功地检测出引力波。

在100年后,理论中的预测得到了验证。理论物理学家爱因斯坦的伟大光辉再次显现,同时阿尔伯特·爱因斯坦本人也重新受到了极大的关注。

现在,爱因斯坦非常火热。他已经被确立为"天才",但除此之外,我认为爱因斯坦在时代的洪流中已然成了人生"模范",光芒四射。

爱因斯坦就像画里描绘的"创造性"人物一样,绝对不会轻易妥协,即使周围人有相同的思考方式,他也会开创出自己独特的道路。这时,即使会感到孤独,他也不会在意这些。爱因斯坦的这种坚强来自何处?

看到无惧自己的独特性、积极地挑战世界的爱因斯坦,我想起了苹果的创始人之一史蒂夫·乔布斯。

如果和学生聊到科学界的英雄,现在学生的心目中仍然是爱因斯坦。在商业和生存方式上,说到敬重的人,很多人都会提到乔布斯。

大家都开始注意到在爱因斯坦和乔布斯之间存在着共同点。

乔布斯曾有段时期被赶出了自己创立的苹果（创业时是苹果电脑公司）公司，但回归后立刻打出了被载入历史的"Think Different"商业广告。广告中，毕加索、甘地等各种历史人物相继登场，但最先出现的是爱因斯坦。

乔布斯的思考方式与众不同。而且只有这种姿态，才能创造出开创新时代的创意。推特、脸书以及最近出现的提供类似出租车服务的Uber和表现出代替酒店和旅馆的新型住宿方式的Airbnb等，都是在追求"与众不同的思考方式"的勇气中让人们嗅到了新时代的气息。

那么两个独特的创造者之间有什么共通之处呢？

关于造就天才的条件，现代科学给出的答案令人意外。那就是只有磨难才能创造天才。

爱因斯坦语言发育迟缓，5岁之前几乎无法流利地说话。他想说话的时候，会先自己说一遍，也就是"演练"一遍，他的亲戚也证明了这件事。

以现在的诊断标准来看，爱因斯坦会被归到"高功能自闭症"的人群里。也就是非典型自闭症的孩子。

不仅如此，爱因斯坦去世后，他的大脑被保存下来，对其大脑的研究结果表明爱因斯坦所受的磨难有其大脑结构上的原因。

说话功能的发挥不可缺少的是大脑体性感觉区的能力（处理身体各种信息的区域）。爱因斯坦的体性感觉区具有明显的和典型人脑不同的特征。也就是说，爱因斯坦的大脑是有缺陷的。

另外，可能是为了弥补这一缺陷，爱因斯坦解析脸部表情的大脑回路非常发达。正因为爱因斯坦说话上受尽磨难，他才会通过想象来思考事情。这一点对爱因斯坦的天才之花做出了重大贡献。

在认知科学中，有"合乎心愿的苦难"这一认知。只有经过辛苦劳作、超越障碍时才能开出超出常人的才能之花。

爱因斯坦和乔布斯都是年轻时遭受众多磨难的人。爱因斯坦语言发育迟缓、中途退学、独自一人在欧洲流浪。乔布斯因为被养父母养大，一生都无法逃离"寻找自我"。

磨难浇灌才能之花。这样一想，人生就是不能自暴自弃。

本书是关于爱因斯坦这一天才创造出的"相对论"的书。读书过程中，如果能结合自己的遇到的磨难，大多数人都将获得前所未有的灵感。

茂木健一郎

2016年5月

前言

科学的感动

我在小学五年级的时候读过关于阿尔伯特·爱因斯坦的传记。同时也读了四维时空和相对论相关的内容。幼年的我被深深地感动了。我当时就认为世间不可能有爱因斯坦这样伟大的人物。

感动足以改变一个人。通过和爱因斯坦的相识，我立志要成为一名科学家。上小学之前就对采集昆虫、对大自然充满了好奇和关心。认识了爱因斯坦这样的人物，了解了他提出的理论，我想成为科学家的决心再无动摇。

近来，社会上常常出现"脱离科学""孩子脱离理科"的论调。但是，基于我自身的经验来看，如果有感动，就不应该会产生这种现象。对科学的感动，是在和之前不同的地方观察世界，是对于我们自身的存在、我们周围事物的存在方式的更深见解。

爱因斯坦曾说："没有感动的人和死了没什么不同。"爱因斯坦所说的"感动"是指通过接触支配宇宙的法则而在我们内心引起的波动。那是因发现而产生逾越、面向创造的冲动。

触摸科学揭露的世界真相时，我们的内心是战栗的。活着就是为了在更深邃的地方加以确认。少许的磨难不会让我们气馁，只会让我们充满前进的激情。

世界上令人感动的因素非常多。比如工作进展顺利、获得成功，甚至受人称赞也会成为感动的因素。然而，据我所知，理解科学的真相时，尤其是通过数学形式的本质来理解真相时获得的感动最深刻。所以，掌握一种科学的真实感触，便能获得足以支撑自己一生的感动。

有时，周围的人会问我："你为什么这么有精神？"我忍不住想，可能是因为我小时候触摸到了科学的精髓。想要成为更有精神的人，只要学习科学就好，而爱因斯坦的相对论就是最好的教材。

爱因斯坦正是点燃被称为"物理学世纪"的20世纪科学技术革命的人物。1905年被称为"奇迹之年"。爱因斯坦一个人就奠定了今后物理学发展的三大基石——量子力学、统计力学、相对论。

爱因斯坦的人生是一部伟大的、充满勇气的巨著。跟不上上课进度而不得不退学，一边在专利局听城里的发明家讲话一边孜孜不倦地研究……爱因斯坦绝不是被寄予厚望的精英人士，而应该是被踢出局的人，是落后分子。这样一个年轻人却掀起了世界的思维革命，这正是科学的有趣之处。

本书是关于爱因斯坦相对论的书。触摸到这一革命的精髓，我们足以获得支撑一生的感动。

而且本书还是关于爱因斯坦本人的书。年轻的爱因斯坦是如何承受来自对将来的不安、完成革命的？爱因斯坦之所以获得如此重大成果又是与什么样的生活方式息息相关的呢？通过接触这一生活状态，我们将找回对科学的感动。

脱离科学、脱离理科的原因就是失去了对科学的感动。所以我们必须找回对科学的感动。在经济合理性的号召下，以"有用的"内容为目标的实用研究中并不存在对科学的感动。但对科学的感动隐藏在是否有用尚未可知、追求艰难问题的困惑时间中。

我深深地爱着爱因斯坦精神，爱着他难能可贵的理论。感性的人在触摸到科学精髓的时候，大概会情不自禁地大喊出声吧。

宇宙竟然这么精致！自然法则真是太奇妙了！！而理解这一法则的理性的人更是了不起！！！

对人类来说，最重要的是找回对自己的信赖。为此，一起来学习爱因斯坦的理论吧。

目录 Contents

上卷 从爱因斯坦解读相对论

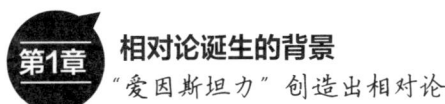

第1章 相对论诞生的背景
"爱因斯坦力"创造出相对论

作为"摇滚舞曲"的科学
- 4　什么是"爱因斯坦力"
- 6　最初的革命家伽利略和牛顿
- 9　古典物理学的光和影
- 11　科学本来就处于无序状态
- 12　以太妖怪
- 14　根据"常识"来糟蹋"常识"

I

反抗力——第一爱因斯坦力

16　孤独的理由

17　中途退学的爱因斯坦

18　和已有权威拉开距离

勇气制造天才

20　有进步却无革命

21　只有马赫表示怀疑

22　吃惊的结论

预见力——第二爱因斯坦力

24　在头脑中也能"实验"

25　想象力改变世界

28　什么也不做时大脑在干什么

第2章 相对论打开了谁之门？
相对论是改变世界的原理

"奇迹之年"到来

32 　找回科学的浪漫

33 　诺贝尔奖的权威也不足以评测

坚韧的思考力——第三爱因斯坦力

36 　"我不劈木头"

37 　大型变化慢慢充足

38 　好的答案源自好的问题

越刨根问底越有趣

41 　狭义相对论的划时代性

42 　对"理所当然的事情"刨根问底

43 　发现"发现相对论"的人们

平等力——第四爱因斯坦力

46 　相较于是谁说的，说了什么更重要

47 　爱因斯坦"不动摇的视线"

从"发现小岛"到"发现整个大陆"

49 　世界是如何形成的

51 　从狭义相对论到广义相对论

52 　理论被证明

54　科学让我们动摇

56　终于观测到的引力波

幽默力——第五爱因斯坦力

58　笑和革命非常投缘

59　重要的是自嘲

接受"命运的馈赠"

61　叛逆者的胜利

62　未获得诺贝尔奖的相对论

64　量子力学和"统一场论"

65　宇宙大爆炸以及核动力

脱离尘世之力——第六爱因斯坦力

67　真正的自由在哪里

68　独立于世间的宣言

方程力——第七爱因斯坦力

70　作为撒手锏的方程式

71　用一行方程式书写世界

第3章 爱因斯坦的冒险和相对论
像天才一样活着就能成为天才吗?

爱因斯坦和"可感受特质"

74　我为什么成了科学家

76　成为天才的方法

相信力——第八爱因斯坦力

78　"确信是我心中的神"

79　神的名字不是问题

在自由的土壤中播下科学的种子

81　没有自由,好奇心终将枯死

82　和谐具有重大价值

自立力——第九爱因斯坦力

85　只用自己的语言书写论文

86　"站在巨人的肩膀上"还是"独自一人荒野求生"

87　聆听内心的声音

爱因斯坦和美国

89　科学和战争

90　"和平是本能"

朋友力——第十爱因斯坦力

93 "这真的是拯救之神"

94 愉快的科学院

95 大学也好但私塾更好

公式和成功相符

97 爱因斯坦最后的声明

99 沉默是构成成功的一部分

下卷 从时间・空间解读相对论

 **第4章 相对论导出的奇境**
闭上"常识"之眼时,将打开新的世界

"相对"和"绝对"的分歧点

104 怀疑毫无疑问的前提

105 是电车在移动还是站台在移动

107 日常世界和光速世界

我的七点钟和你的七点钟不同

109 "列车七点到达"的真正含义

110 惯性系不同,时间也不同

111　缓慢时间和匆忙时间
114　"浦岛太郎"存在吗?
115　如果没有爱因斯坦

开启四维的大门
118　长度是什么
120　怀疑无人怀疑之事

能量令人震惊的本质
122　能量和质量相同
124　狭义相对论的两个缺点
125　弯曲的空间
126　吃惊的目光才能看得更清楚

 **第5章　作为认识论的相对论**
"相对论式的思考"和想法一定会推广开来

为什么"从宇宙到音乐"都被相对论改变了
130　成为哲学的物理学
131　神看到的世界和人认识的世界
132　马赫看到的光景
135　薛定谔的猫

用相对论解开内心

138　"你看不见月亮的时候月亮就不在那里了吗"

139　相对论和立体主义

141　时间旅行的可能性

142　意识的时间是怎么形成的

143　在心里"时间崩溃"

144　追求大脑的第一原理

后记

147　爱因斯坦的故事还将继续

特别附录

阅读第2论文

150　为了理解最有名的公式"$E=mc^2$"

152　物体的惯性依赖于其所含能量吗？

参考文献

ONE

上卷

从爱因斯坦解读相对论

第1章

相对论诞生的背景

"爱因斯坦力"创造出相对论

■ 科学的感动：爱因斯坦和相对论

作为"摇滚舞曲"的科学

什么是"爱因斯坦力"

如果让你列举一位能代表20世纪的人物，你会选择谁？美国的周刊杂志《时代》选择了阿尔伯特·爱因斯坦。

20世纪是一个令人激动的世纪。《时代》杂志从1927年开始每年都公布年度人物。从首位单独完成横跨大西洋的连续飞行者林德伯格、第二次世界大战时美国总统罗斯福到汽车公司克莱斯勒的创业者克莱斯勒。不仅仅是人物，《时代》有些年度也会选择"电脑""处于危机中的地球"作为年度"人物"。

从这些人中选择一个人代表20世纪。如果认为20世纪是娱乐的世纪，卓别林和米老鼠大概也有入选资格。如果认为是战争的世纪，希特勒也能够成为候补人员。舍弃了这些人物而选择了爱因斯坦为"百年第一人"是有原因的。

第一，当然是爱因斯坦在物理学上带来的革命成就。

众多科学家带着牛顿力学无法解释明白的这个矛盾而离开人世，原来的物理学世界被彻底颠覆了！爱因斯坦发现的相对论（狭义相对论和广义相对论）和量子力学一起奠定了现代物理学的基础。如果没有这两个发现，核动力和航天飞机技术可能会面临着和当今完

第1章
相对论诞生的背景

全不同的发展形势。爱因斯坦是多项学说和高科技产品的源流式人物。

然而,仅仅如此,爱因斯坦只可以称为"代表一个世纪的科学家",但还不足以被称为"百年第一人"。

选择爱因斯坦的另一个原因是其深远和广泛的影响力。

他不仅对科学家有影响,对世界上的艺术家和文学家也产生了重大影响,是极其稀有的存在。

他的生存方式和思维方式是抗争独裁政治和战争等人类悲剧的精神支柱。从独创性到精神自由、幽默感,爱因斯坦的光辉照亮了无数人。

我在小学时读了爱因斯坦传记才立志要成为科学家,也是一个小小的表现。长期以来,爱因斯坦是我心目中的英雄。读爱因斯坦传记时,我坚信只有爱因斯坦才是世界上最伟大的人。

有人说,世上"即使没有爱因斯坦,几年后也应该有人会发现狭义相对论"。

没错,在头脑聪明,数学、物理学的才能等方面,有的科学家和爱因斯坦一样,甚至超越了爱因斯坦。实际上,在发现相对论之前也有很多伟大的科学家。

但是,这些科学家中没有一个成为爱因斯坦。即使对世界也有所改变,却没有带来革命。因为他们只是顺从权威和世界。因为他们只是在体制和组织中崭露头角、在地位升迁中创造价值而已。

不质疑世上已有的价值观并据此开展工作倒也不是坏事。然而,以这样的生活方式和思维方式在有限的生命中根本不可能掀起革命。

爱因斯坦的天才性和权威性与世界毫无关系，而是表现在批判性思考上。他表现出来的并非单纯的数理思考才能。

这样想来，学习爱因斯坦的生活方式以及其理论将具有重大意义。像爱因斯坦一样活着、思考，就可能完成伟大的工作。爱因斯坦的天才性是居于数学和物理才能之上的生活方式本身。爱因斯坦这个天才基本上是一个人完成了相对论体系的创立，但天才性诞生于生活方式之中。

我们将他的生活方式称为"爱因斯坦力"。将"爱因斯坦力"概括为十点，从中来探寻相对论诞生的轨迹。

最初的革命家伽利略和牛顿

最初掀起物理学革命的是16—17世纪意大利的伽利略·伽利雷和17—18世纪英国的艾萨克·牛顿。

伽利略生活在地心说占支配地位的中世纪欧洲。因为拥护波兰的天文学家、提倡日心说，神职人员哥白尼被宗教判定为异端分子，但他留下的"即便如此地球也仍然在转动"的句子闻名于世。

但实际上，伽利略的发现中最重要的是伽利略相对性原理。伽利略最先提出了运动的相对性，发现了"相互做匀速运动的惯性系和力学定律是相同的"这一相对性原理。

伽利略对地心学说派系批评日心学说所采用的"感觉不到地球在转动"的说法提出了相反的论调。

第1章
相对论诞生的背景

"乘坐以一定速度、朝一定方向运动的船,不会感觉到地球在动。日心说与此相同。"比如,从移动的船的桅杆上掉落的物体会垂直下落。这和从静止的地面的塔上物体掉落的情形相同。从这一点来看,船移动时和不移动时,物体掉落的情况没有任何变化。

也就是说,乘坐移动的船的人无法感觉到船的移动。把地球比作移动的船,站在转动的地球上的人"感觉不到地球在转动"也是理所当然的。只有在船急速前进和停止、突然加速还有变更路线等情况下才能感觉到船的移动。

这种思考方式可以归结为运动的相对性以及惯性系概念。

关于运动的相对性,在电车 A 和电车 B 并行时考虑这一概念更加简单。比如,电车 A 和电车 B 以同样的速度行驶,车上的人就会感到车子是静止的。然而,在静止的人看来,电车 A 和电车 B 都在移动。

或者,电车 A 时速为 300 公里、电车 B 时速为 100 公里时,在乘坐电车 A 的人看来,电车 B 正以 200 公里的时速向相反方向行驶。当然,在静止的人看来,电车 B 已经被向相同方向行驶的电车 A 追上。像这样,动与不动完全是相对的。

另外,在行驶的电车中,只有电车以同样的速度在直线上做匀速直线运动时,物体掉落或投掷物体和在静止的地面上物体掉落或投掷物体是相同的,惯性定律成立。惯性定律是指如果不在物体上添加任何力,物体将继续匀速直线运动,静止的物体将一直静止。

但是,电车突然前进和停止、突然加速还有变更路线(拐弧线等)

时，惯性定律不成立。满足惯性定律成立条件的情况称为"惯性系"，惯性定律不成立时称为"非惯性系"。

　　如上所述，"在相互做匀速运动的惯性系中，力学定律相同"，于是"伽利略的相对性原理"就诞生了。

惯性系和非惯性系

但是，伽利略·伽利雷发现的相对性原理说到底还是属于力学范畴。与此相对，爱因斯坦创造的相对论超越了力学范畴，从包含光在内的电磁学扩展到了物理的全部理论。

伽利略的"在相互做匀速运动的惯性系中，力学定律相同"和爱因斯坦的"在相互做匀速运动的惯性系中，物理定律相同"具有本质性的差别。

古典物理学的光和影

伽利略针对地球上的力学定律发现的相对性原理，牛顿发现了天体运动也遵从共同的定律，在物理学界掀起了一场重大革命。

这是不容混淆的事实，是巨大的功绩。

牛顿将运动定律归纳为三点。

第一，惯性定律。

所有物体只有在不添加任何力的情况下，才会一直处于静止状态或者一直在一条直线上以一定速度运动。（匀速直线运动）

在日常生活中，运动的物体会自然停止，这是因为添加了摩擦和抵抗的力。在没有摩擦和抵抗的宇宙空间中，比如从关停发动机的宇宙飞船的录像中可以看到宇宙垃圾会永不停止。

第二，力的定律。

从外向物体添加力时，在力作用的方向上会产生加速度。物体的加速度和从外添加的力成正比,则和物体质量成反比。也就是说,添加的力越大,物体的加速度越大;质量越大,物体的加速度越小。

第三,力的作用和反作用定律。

对于所有力的作用,在和其相反的方向上,存在着大小相等力的反作用。

牛顿在这三大运动定律上添加了万有引力定律,成功地解释了从当时已知的地球上的力学现象到天体运动的所有问题。

就这样,牛顿的理论成了物理学、天文学、工学等各种学科的基础,而且在爱因斯坦相对论诞生之前的将近240年期间,作为科学的基础理论被多数科学家接受并继承。

然而,在为物理学带来革命的牛顿的伟大功绩之后,物理学最终也迎来了停滞不前。

"在物理学上,和个别事项的众多成果无关,原理性的事项往往被教条式的僵硬所支配。"这是爱因斯坦的名言。

牛顿带来物理学革命后的240年间,不断出现牛顿力学定律无法解释的现象。虽然如此,却没有任何人创造出足以代替它的理论。

打破这种僵化格局的正是爱因斯坦的相对论。因为从伽利略和牛顿构筑的物理学理论中完成了大转变,所以爱因斯坦被称为革命家。

第1章

相对论诞生的背景

科学本来就处于无序状态

曾经,我们期待科学上发生这样的革命,这里也有科学的浪漫性。但最近,我感觉我们正在快速地丢失这种浪漫。

科学本来就处于无序状态。也就是说,科学的世界里,原本就聚集了反抗权威的、打破常规的"摇滚音乐人"。我自己原本也想做"摇滚乐",所以到现在为止也一直在从事科学研究。作为科学家,如果成为"体制内"的人则意味着一切都结束了。

大多数科学家仅仅满足于这样的现状:会不知不觉间靠近权威,一边依照过去的论文一边进行微小的新型研究。越来越多的科学家开始从事和名誉以及金钱相关的研究。

然而,科学一旦失去了浪漫性,科学将不再是科学。爱因斯坦也发出过这样的感叹:"从科学的寺院中驱逐出因功名心和功利心做科学研究的人,将只剩下很少的一部分研究者。"

另外,回顾曾担任德国科学研究院会员的岁月,爱因斯坦不禁感叹道:"研究院的大部分会员都因其著作而特别表现出一种孔雀般高傲的姿态。"

只要得到权威的认可,就真的具有价值了吗?我对这点表示怀疑。

比如,法国的学问和艺术权威是起源于13世纪的神学者罗伯特·德·索邦创立的索邦大学(巴黎大学前身)。

但是,也有一些不属于索邦神学院的学者和艺术家。代表法国现代思想的思想家中,构造主义的核心人物列维·斯特劳斯、对世界有重大影响的哲学家柏格森、著名的作曲家和指挥家皮埃尔·布莱兹就是这样的人物。他们属于平民大学这样的趣味性法国公立学校。

法国公立学校往往被索邦大学无视。假如仅仅把获得索邦大学的认可作为判断是否有价值的标准，列维·斯特劳斯和布莱兹都会成了没有价值的人。

然而，这根本不可能。研究法国思想的明治大学教授合田正人认为，正是因为和索邦大学相对的法国公立学校的存在，才令学问和思想得以深化。法国革命之后的"尊重个人自由的法国精神"也可以说是在表达这一观点。

以太妖怪

用牛顿的理论无法解释的问题中，具有代表性的就是电、磁和光。其中，关于光的实质，200多年来一直有两种对立的说法——"粒子说"和"波动说"。

进入19世纪，根据法国物理学家如土木技术人员菲涅耳的衍射研究等，1818年左右，得出了"波动说"的结论。

然而，1861年，基于电磁研究，英国的理论物理学家詹姆斯·麦克斯韦发表了电磁波存在的预言。他将复杂的电磁现象全部简单地归纳为四个方程（麦克斯韦方程）来解释说明，主张光是电磁波的

第1章

相对论诞生的背景

一种。

麦克斯韦去世9年后的1888年，德国物理学家海因里希·赫兹的实验证实了这一学说。电磁波的传播速度是每秒约30万千米，和光速相等。据此，光的实质是电磁波这一学说得到证实。

到此，关于光的实质的分歧已完全被消除。

关于光的解释，还存在更大的问题。如果用牛顿的理论来解释光是电磁波，光波的传播就需要相应的媒介。

因为声音的传播需要空气这样的媒介。没有空气的地方，声音是无法传播的。而光在宇宙空间也可以传播。宇宙空间中，也有某种媒介，但那是什么呢？

将光波理解为以太振动是基于牛顿力学的思考方式。宇宙空间不是真空的，而具有以太紧密地排列在一起。

但是，无论怎么做实验，就是无法发现以太的存在。在试图发现以太存在的试验中，最有名的是1887年美国物理学家阿尔伯特·亚伯拉罕·迈克尔逊和霍华德·威廉姆斯·莫雷进行的实验。两人准备了非常巧妙的实验装置，想找出面向以太存在的地球的运转速度，想找出地球自转和公转对光速有什么影响。

然而，无论反复进行多次实验，就是无法找出面向以太存在的地球的运转速度。光的速度一直相同，却无法发现以太的存在。

无论如何都想通过实验证实通过理论推导出的结果，这就是科学的态度。"如果实质为波的光传播需要以太"，那么世界上的科学家就想通过一切手段发现以太。迈克尔逊和莫雷也有突破限制、追求黑白分明的科学态度。这一态度不是"存在以太",而是发现了"找不到以太"而"光速不变"的事实。

但是,如果以太不存在,实质为波的光是如何传播的?牛顿的理论已不足以解释这个问题。

伽利略和牛顿构筑的理论不仅能说明地球上的问题也能说明天体运动,但是说到底还是力学理论。虽说如此,单用这一理论来解释光和电磁还存在很多牵强和矛盾的地方。

但是,牛顿的理论过于伟大,所以迟迟没有出现批判这些牵强和矛盾地方的科学家。

根据"常识"来糟蹋"常识"

为麦克斯韦的电磁学和牛顿力学之间的矛盾而苦恼的同时,大多数科学家都想以"存在以太"为前提来解决问题,但爱因斯坦一直坚信不存在以太。

对于爱因斯坦来说,伽利略是近代物理学、近代自然科学之父,牛顿是理论物理学所有理论体系的创始人,两人都是值得尊敬的人物。关于他们的思想,他这样说道:"我每天都会想很多次,我外在的以及内在的生活都是在同时代的人以及已经离世的人们工作的基础上进行的,仅仅是为了我接受的和现在正在接受的内容,我都必须努力生活。"

所谓科学,是指以革命为志向、不被世间常识所禁锢、以摇滚

第1章
相对论诞生的背景

乐灵魂为榜样。另外，如果过去的一切都被忽视了，科学也将不复存在。因此以革命为志向的同时，必须以整合曾经的知识体系为目的。

爱因斯坦深知学习先人经验的重要性。然而，在牛顿的理论被麦克斯韦的电磁学所动摇的情况下，爱因斯坦仍然一个人冷静地谋求发展新的理论物理学。经过长年研究，最终打破了统治科学界的权威。

■ 科学的感动：爱因斯坦和相对论

反抗力——第一爱因斯坦力

孤独的理由

很多人指责现在的日本社会停滞不前，社会氛围妨碍了个人自由思考和自由言论。那么，孕育了爱因斯坦的德国当时正处于什么社会氛围中呢？在某种意义上可以说当时的权威主义比现在的日本更浓重。

爱因斯坦出生于1879年，在当时的德国，被称为"铁血宰相"的俾斯麦正在强行推进富国强兵的政策。在那个时代，孩子们都以无比崇拜的眼光看待行进中的部队。

然而，幼年的爱因斯坦却明确地说"我长大后，可不想当士兵"，他就是这么讨厌排着队前进。"对于排好队、配合乐队前进的人们，我就是非常厌恶。他们硕大的脑袋就不该骑在脖子上。"

就像他说的这样，他莫名其妙地讨厌军队，认为那是群集心理最糟糕的产物之一。

另外，爱因斯坦也非常厌恶实施以重视规律为主的德国教育的中等教育机关——高级文科中学。后来他曾这么说过："在我的意识中，什么是恶，像学校主要依靠恐怖、权力制造出的权威来运营倒称不上恶。但像这样的做法却会破坏学生们健康的感情、诚实和自信，

第1章
相对论诞生的背景

这样制造卑躬屈膝的臣民的学校最是可恶的。"

被权威摆弄、看上去像中尉一样的教师、学习中强制要求死记硬背……爱因斯坦常常对这些表示反抗。

这种强烈的爱因斯坦反抗力同反体制的摇滚乐明星以及革命家切·格瓦拉的心情没什么不同。在思考爱因斯坦的生活方式时,这是非常重要的一点。

革命家是孤独的。爱因斯坦在高级文科中学里也是孤独的。甚至得到了"笨蛋""孤狼"这样的绰号,他是完全脱离周围环境而存在的。

实际上,他对数学和自然科学抱有浓厚的兴趣,但是被强制要求死记硬背的学习令他十分不满,成绩也只处于中等。在老师看来,这就是一个"懒惰的学生""绝对成不了什么大人物"的学生。

中途退学的爱因斯坦

结果,爱因斯坦中途退学了。

那是父亲事业失败、关掉慕尼黑的工厂移居到米兰之后的事情。勉强结束高级文科中学的学习生活,爱因斯坦从德国搬到了父母生活的意大利。

当时,从高级文科中学中途退学具有很大的风险。工作也好,考大学也好,没有高级文科中学的毕业证是非常不利的。但是,爱因斯坦对数学充满自信,对将来并不悲观。

这就是重点。反抗力是催生新事物的力量，但单纯地反抗社会、脱离社会很容易导致逃避现状的情况出现。如果反抗变成对他人的刁难、否定，停留在别扭、诋毁、怪癖的阶段，将不可能催生任何新事物。

为了中途退学，需要有坚持原则、充分地相信自己、不断追求前进的姿态。虽否定了现状，但要带着强烈的肯定去引导出更高的层次。这就是改变世界的革命家的姿态。仅仅打破已有的事物，并不能成为革命家。

绝不能将仅仅对社会发起反抗当作伟大的事。爱因斯坦的伟大之处在于反抗的同时，通过肯定的力量发起了相对论这样的革命。

那么，对于爱因斯坦来说他的信念是什么？

那就是他5岁的时候，父亲给他看了指南针，他自此便开始认为，虽然眼睛看不到，但指南针的针一直朝同一个方向（宇宙的秩序），应该是因为空间中有某种物质。

对这样的宇宙真理、秩序的信念就是他的原则。通过理性思考，用对真理的强烈信赖将爱因斯坦强烈的反抗力变成了产生相对论的力量。

和已有权威拉开距离

重要的是这样一种信念，否定了已有的权威的同时还要提出有别于已有权威的、足以替代旧事物的新事物。所以，了解风险才能

第1章

相对论诞生的背景

和权威背道而驰。没有信仰的人,自然是不得不依附于权威。

但是,从欧洲科学史来看,爱因斯坦强大的反抗力并非极为特别的存在。

比如,1978年因对电气化学梯度的生物体能量传导相关研究做出贡献而获得诺贝尔化学奖的英国化学家彼得·米切尔就不属于任何科学家组织。

米切尔在剑桥大学获得了博士学位,在爱丁堡大学担任研究领袖。之后,居住在英格兰的康沃尔州,设立了格林研究所这一慈善团体,过着从事研究的生活。

大多数研究者认为生物体内应用的ATP(腺苷三磷酸)可以通过某种方法制造出来的时候,米切尔一人坚持着化学渗透压学说。而且形成了米切尔VS科学团体的孤立状态。

结果证明米切尔是正确的,他被授予了诺贝尔奖,但反过来说,正是因为离开大学、不属于任何科学家团体,米切尔的自由思想才拥有了孕育的土壤。

我认为,科学的本质存在于不依附权威、拉开距离的孤狼式生活方式中。我在英国留学期间,见过几位过着孤狼式生活的科学家。正是在和已有权威拉开距离的生活方式中才能诞生革命。

独自一人的爱因斯坦背后,有无数位孤狼。而且孤狼有孤狼固有的大脑使用方式。

■ 科学的感动：爱因斯坦和相对论

勇气制造天才

有进步却无革命

对于当时的物理学来说，牛顿力学就相当于现在的电脑。以电脑为前提，不断地开发新技术、商业模式、应用软件等，没有人会怀疑电脑。

当时得益于牛顿力学，数学和技术都取得了进步，但并没有人怀疑身为前提的牛顿力学。

第一个对这一默认前提的时间和空间意义提出疑问的正是马赫。而且对马赫的问题做出应答的正是爱因斯坦。

到19世纪后半期，开始有人对牛顿的理论提出质疑。有海因里希·赫兹、出生于俄罗斯的物理学家古斯塔夫·基尔霍夫、想到了相对论的法国数学家亨利·彭加勒。其中，批判最为尖锐的是奥地利的哲学家、物理学家恩斯特·马赫。

马赫于1883年发表了《力学史评》，对牛顿力学做出了详细的历史性分析。而且他断定牛顿主张的"绝对空间""绝对时间"是单纯的空想产物。

"绝对的空间，从其本性上和外部的事物没有任何关系，往往以

第1章
相对论诞生的背景

同样的状态静止。相对空间因测量这一绝对空间的物质而拥有了可以动的标准。我们通过感觉物体的相对位置来做决定。这就被不同的人当作了不动的空间。"

"绝对的、真正的数学时间的流逝在其本性上和外部无关。这一流逝也被称为持续。另一方面,相对的日常时间是指根据物体运动来测量持续,是感觉的、表面上的指标。"

对于牛顿认为的宇宙中存在绝对空间和绝对时间并和相对空间和相对时间严格区别开来,马赫这么说:"我们自然已经注意到了牛顿做了和他只研究事实的方针相反的事情。没有任何人能点评一下绝对空间和绝对运动(绝对空间中的运动称为绝对运动)。因为那是经验中绝对不会出现的、单纯空想出来的产物。"

"绝对不可能直接、即时地测量物体的变化,倒不如说,相反,时间是我们从物体变化中引出的抽象概念。"

只有马赫表示怀疑

马赫无法忍受以牛顿力学为前提的绝对空间、绝对时间概念。对他来说,时间和空间是从各种关系错综复杂的物质网中抽出的,并不是最初就已经存在的既定框架。

马赫不仅批判绝对空间和绝对时间,对于当代科学家用牛顿力学解释光和电磁的做法也持有严肃的态度。他主张牛顿力学对其他领域的物理学不具有优先权,这对爱因斯坦产生了强烈的影响。

麦克斯韦和赫兹给了力学是所有物理学的基础这一信仰以重大打击。然而,他们仍然在思想上认为力学是物理学牢固的基础。关于这一矛盾,马赫给出"否"的突破。

爱因斯坦这样说道:"只有恩斯特·马赫在其著作《力学史评》中动摇了(力学是物理学牢固的基础)这一教条式信条。这本书阐述的观点对还是学生的我产生了深刻的影响。"

"正因为这本书对基本概念以及基础定律的批判态度,才会对我产生比我后来读过的《热学原理》等书更为深远和长久的影响。"

"征服我的是马赫不可改变的怀疑态度和独立心,这也是他真正伟大的地方。"

曾经,在多数学者以资本主义为前提确定理论的时代,卡尔·马克思以"货币的本质是什么?劳动的本质是什么?"为前提掀起了革命浪潮。相同的,对以牛顿的理论为前提提出疑问的发起者正是马赫。

站在前提之上加以改革也是不错的选择。只是这样根本不可能掀起根源性革命。可以说怀疑前提的马赫精神也是今后继续科学革命的精神。

吃惊的结论

回答了马赫提出的问题、掀起了物理学革命的爱因斯坦的态度

相对论诞生的背景

也同样如此——绝对无视牛顿的理论,让物理学重回基本原理进行重新构建。通过重新研究作为当时常识的时间和空间概念的基础,爱因斯坦的相对论导出了质量和能量的等价性这一令人吃惊的结论。

然而,这需要非常大的勇气。

企业也是如此。创业者和上一代领导人开创的事业无论出现多大的赤字,也很少会有人决定停止。连停止某项事业都是如此,更何况是将大家信赖了200多年的牛顿力学清零进行重新构建,更是难上加难。

把能完成这件事的人称之为"天才"也未尝不可。

头脑聪明的人灵巧地修补了矛盾和破绽,想让一切都变得合情合理。

不改变现实是因为不能说自己依附的权威——牛顿力学"错了"。这是对自己信赖的权威的否定。

爱因斯坦之所以敢说"错了",是因为他不被权威束缚,单纯地想解释宇宙真理这样的纯粹感情在迫使他面对问题。在这一点上,天才和勇气成正比。没有勇气的人不可能成为天才,也不可能成为革命家。

■ 科学的感动：爱因斯坦和相对论

预见力——第二爱因斯坦力

在头脑中也能"实验"

我想说的第二个爱因斯坦力是预见力。

这里令我想到的是 20 多岁就创立了苹果公司并大获成功的史蒂夫·乔布斯。他曾有过一段被自己创建的公司驱赶出去的痛苦经历。被驱赶的时候，乔布斯说："为什么大家就不明白呢？我明明已经预见到了。"

他清楚地预测到将来电脑会如何发展，用户想要的是什么。但是，别人却没有预见到。所以，乔布斯被驱逐出了苹果公司。

最终重新回到公司的乔布斯在 iPod 和新业务皮克斯动画《海底总动员》等方面大获成功。这是因为他人理解了乔布斯的先见之明，使乔布斯开始交上好运了。

爱因斯坦也是一个预言家。

爱因斯坦 5 岁时被指南针之谜吸引，16 岁提出了"以光速追光会怎样呢"的疑问，这些爱因斯坦的方法论被称为"思想实验"。

以光速追光的实验，虽说现在的机器如大型加速器一万亿电子伏加速器等能加速到光速的 99.9999%，但在当时是不可能完成这种实验的。于是爱因斯坦在自己的头脑中进行了这种不可能完成的实验。

相对论诞生的背景

举一个有名的"掉落的电梯"的例子。

在非常高的大厦顶层,被关闭的电梯停止运行了。假设里面的人是A。电梯停止运行时,A手中的球脱手了,球掉了下来。这是因为引力的作用。

然而,如果电梯绳坏掉导致电梯掉落的话,即使A手中的球脱手了,只要不给球添加其他的力,球就不会掉落。因为与不掉落相比,A也会以和球掉落速度相同的速度掉落,所以看上去好像球并没有脱手。

电梯掉落的加速度和引力相平衡,所以电梯内原本存在的引力消失了,A失去了引力。A处于无引力状态。

从这里,我们延伸到了被称为爱因斯坦自身"一生最为难得的发光点"的"等价原理"(引力和惯性力具有相等的价值)。从此又进入到广义相对论的构想中。

在当时,并不具备完成这个实验的条件。如果是现在,用航天飞机这样的环地球轨道的宇宙飞船就可以实现这个实验,或者使用实验密封舱来制造出失去引力的状态。

不管怎样,爱因斯坦具有在大脑中完成不可能的实验,从而得出重大的结论的能力。而且爱因斯坦具有独特而罕见的预见力。

想象力改变世界

当有人问彭加勒,爱因斯坦到苏黎世联邦工科大学担任教授是

■ 科学的感动：爱因斯坦和相对论

否合适时,他这么回答:"如果能受到他的精神影响,可以预料到在这种新情况下,所有问题都将得到实验证明,一切都将迎刃而解。数理物理学的职责是提出问题,而只有通过实验能解决问题。未来,爱因斯坦的价值会越来越明显。"

实际上,当1919年的全日食证明了爱因斯坦理论的正确性时,世界上就已经给出了"爱因斯坦的盛誉名至实归"这一最大赞美,但是对于爱因斯坦来说,这仅仅是别人看到了他已经看到的东西而已。

很多人都能对眼睛看到的事物做出评价,但几乎没人能对眼睛看不到的事物做出评价。对于创造迄今为止不曾出现的服务和商品的创业者和像爱因斯坦这样创造相对论并掀起革命的人来说,也需要这种预见力。

思想实验是爱因斯坦最擅长的事情。从头脑中所做的简单实验——电梯掉落——引导出令人吃惊的结论——等价原理、广义相对论。这和最近花费几十亿甚至几百亿大额资金和使用大型设备进行的科学实验截然不同。

在理论物理学的世界中,有种说法是革命"需要的是纸和笔"。对爱因斯坦来说更是如此——革命不仅需要的是纸和笔,还需要烟费和咖啡费用以及食物费用。

但是,需要非常丰富的想象力。

"想象力比知识更重要。知识有界限,但想象力却包含了整个世界。"

这是爱因斯坦的名言。只有想象力才能够构筑改变世界的理论,

■ 科学的感动：爱因斯坦和相对论

你是否感觉到了科学的奇妙？

思想实验也是抵抗权威、"从事摇滚舞曲"的科学家的武器。因为思想实验并不需要募集大量资金，也不会受到任何束缚。

什么也不做时大脑在干什么

我认为爱因斯坦的想象力真的是非常强大。他大概能看到我们的眼睛看不到的世界吧。对他来说，难道肉眼看到的东西意义更微小吗？

爱因斯坦的学生、波兰的理论物理学家利奥波德·英费尔德在其著作《爱因斯坦的世界》中这样写道，从早上开始就一直在讲物理学话题的爱因斯坦，在临近中午时看着书房的窗户说道："从这个窗户看去景色很美。"这是那一整天中英费尔德从爱因斯坦口中听到的第一句和物理学无关的话。普通人看到的是庭院的美，而爱因斯坦看到的是完全不同的景色。

因为互联网的发达，我们可以瞬间从外界获得大量的信息。通过互联网世界一下子变得更广阔了，但按照爱因斯坦所说，实际上我们的想象力比互联网连接的世界更广阔、更无限。相反，我们也可以说现代人已经陷入了被眼前信息束缚的危险之中。

据说爱因斯坦常常一边拉小提琴，一边思考。他就是这样通过音乐和行动隔断外界的信息，专注于内心的信息并对其进行整理，期待闪光点的出现。我们知道，当大脑不专注于外界时，大脑中的"默

第1章

相对论诞生的背景

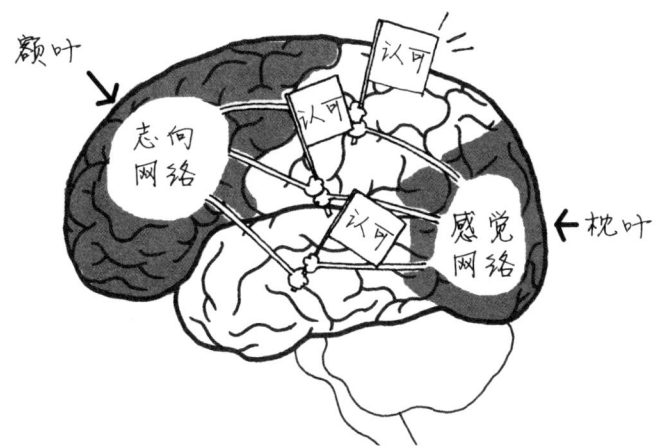

通过额叶的感觉网络和枕叶的志向网络,人类才能够认识世界

思考眼睛看不到的东西时,额叶的志向网络正在自上而下地发挥作用

认网络"的回路就会活动。特别是大脑在什么都不做、无所事事地想事情时,"默认网络"就会发挥作用,顺利地捡起闪光点的种子。

在大脑中描绘眼睛看不到的东西,重视内心的信息,将会得到一个依靠网络绝不可能体验到的、广阔的丰富世界。

第2章

相对论打开了谁之门?

相对论是改变世界的原理

■ 科学的感动：爱因斯坦和相对论

"奇迹之年"到来

找回科学的浪漫

我上小学时读了爱因斯坦的传记才立志要成为科学家。当时，科学的浪漫氛围比现在更加浓厚。现在，我感觉科学的世界正处于艰苦岁月之中。

曾经的科学犹如梦想之城，充满了"掀起革命"的气概。但现在的科学却在优先考虑"有什么作用""怎么做才能换成财富"。

爱因斯坦做教授的时候，常常对学生这么说：

"美这种东西，你们不是会交给鞋店和服装店吗？而我们研究的目标就只能且必须是真理。"

"你们正在走的可不是一条平坦大道啊。"

"科学工作中存在非常特别的东西。最重要的就是要找出哪些是不需要花费时间和精力的事情。另外，我们并不是在追求轻易就能完成的目标，而是要付出最大的努力，并且必须靠直觉发现才可以完成的事情。"

从这些话语中，我们可以看到爱因斯坦主张的是"科学家应该追求的是什么"。

相比做一些琐碎的事情，重新思考前提本身才是最有价值的。

第2章

相对论打开了谁之门？

这样的研究既不是为了名誉也不是为了利益，而是为了真理。在这样一个以科学能对这个世界起什么作用、要花费多少研究经费来判断的时代，我们需要重新找回科学的浪漫。

趁此机会，让我们高喊一句："21世纪的爱因斯坦啊，复活吧！"

诺贝尔奖的权威也不足以评测

从牛顿开始研究万有引力定律及其他新发现的1665年开始的这两年时间，被称为"惊异之年"。爱因斯坦发表了"狭义相对论"等论文的1905年则被称为"奇迹之年"。

因为牛顿在22岁到24岁期间带来的"惊异之年"，物理学告别了中古。另外，因为26岁的爱因斯坦带来的"奇迹之年"，物理学从牛顿力学长期的束缚中解放出来。

发表于"奇迹之年"的5篇论文，哪一篇都足以获得诺贝尔奖。

但是，因为爱因斯坦是一位和诺贝尔奖这种世俗的最高权威拉开距离的人，所以"足以获得诺贝尔奖"这样的形容词一定不适合他。"宣告物理学新航程开启的奇迹"这一称呼可能更好。徒劳地授予诺贝尔奖反而违反了科学需要的"摇滚精神"。

无论如何，写出这些论文的都只是一个在专利局上班的无名公务员，这一点就足以成为奇迹。爱因斯坦远离权威，身上还残存着中途退学的"愤青"形象。

■ 科学的感动：爱因斯坦和相对论

爱因斯坦发表的5篇论文中，特别有名的是以下3篇：

① 《关于光的产生和转化的一个试探性观点》

② 《关于布朗运动的论文》

③ 《论动体的电动力学》

其中，①"关于光的产生和转化的一个试探性观点"在之后被称为"光量子学的假说"的论文中，明确了光的实质。因为这一划时代的业绩，爱因斯坦被授予了1921年的诺贝尔物理学奖。获奖并不是因为相对论而是因为爱因斯坦的理论太过卓越，虽然在当时很难通过实验得到验证。

关于光的实质，"粒子说"和"波动说"长期对立，但"波动说"获得了胜利。到19世纪末，德国物理学家哈尔瓦克斯通过研究发现了"光电效果"，单用"波"已经不足以解释光的实质了。

"如果向金属表面照射某种光，金属表面会反射出电子（光电子）"就是光电效果。如果光的实质是波，就无法解释这种现象。但是，光的实质是波已经非常清楚了。

解决了这一矛盾的正是爱因斯坦的论文。

爱因斯坦以"光产生于小型粒子（光量子），这一粒子的能量具有不连续的值"重新建立了"粒子说"。光的实质并非是"粒子或者波"二选一，而是具有"波和粒子"的双重性质。

"光兼具波动性和粒子性"这一概念对后来的"量子论"具有极为重要的意义。

② 《关于布朗运动的论文》是由同年发表的博士论文《分子大小的新测定》发展而来的。

相对论打开了谁之门？

在水面撒上花粉，通过显微镜观察就能看到花粉在做各种运动——布朗运动。爱因斯坦假设"花粉的运动是因为水分子的运动造成的"来解释布朗运动。同时，提出了新的确定分子大小的方法。

"奇迹之年"发表的论文明确的"光电效果"成了现在电子学的基础。另外，也可以说布朗运动奠定了统计力学的基础。仅此就已经是非常难能可贵的成果了。

当然，更伟大的是狭义相对论，但接触它之前，我们先来看一下促使爱因斯坦发现相对论的第三爱因斯坦力。

■ 科学的感动：爱因斯坦和相对论

坚韧的思考力——第三爱因斯坦力

"我不劈木头"

当然，爱因斯坦的构思不是在"奇迹之年"里突然萌发的。在他16岁的时候，就开始了关于光的思想实验，为狭义相对论和广义相对论打下了基础。

关于他16岁时遇到的光的理论，爱因斯坦这样写道："如果我以速度 c 来追光线，这一光线会以静止的、空间性振动的电磁场而被感知到。但是无论是参照以往的经验，还是参照麦克斯韦公式，我都认为不存在这样的物质。

"我直观地认为，即使从这样的观测者的角度来看，非常明显，一切都在遵循和相对于地球而静止的观测者相同的定律进行着。如果是这样，运动的观测者无论如何都会知道他在做相同的运动或者能够确认他在做相同的运动吧。"

对于这一理论，他进行了历时10年的深思熟虑，得到的结果就是狭义相对论。

但是，有人有坚韧的思考也不一定会得出结论。有时即便花掉一生的时间也不一定能找到答案。所以，很多人都想找到能马上回答的那个方向。

相对论打开了谁之门？

对此，爱因斯坦这样说道："我知道很多人都喜欢劈木头。因为做这种工作，能立刻见到效果。"

爱因斯坦的坚韧思考力和"劈木头"相反。即使看不到答案他也不会介意。他会连续思考几个月、几年甚至几十年。

说他一辈子一直在连续思考一件事也未尝不可。这一件事就是如何用方程书写眼睛看不到的宇宙秩序。

用一生的时间执着思考透一件事，从这点就能看出爱因斯坦的天才性和非凡性。因为自然环境的问题，"可持续发展"这一观点才受到关注，但和生态系统一样，只有思考和持续才能孕育出理论的各种果实。坚韧的连续思考变成"可持续发展"才能孕育出天才的构想。

大型变化慢慢充足

对大多数人来说，这一点很难做到。但为什么爱因斯坦就能做到呢？他这么说道："正常的大人不会因时间、空间的问题而烦恼……必须思考的事情在孩童时期就已经全部解决完毕了。

"与此相反，我发育迟缓，长大成人后才开始怀疑空间和时间。多亏如此，我才会比普通孩子更加深入地追求问题所在。"

爱因斯坦能开口流利地说话确实比较晚，但并不是因此就能创立相对论。而是因为摒弃了众多复杂的信息，不因无法快速回答而感到焦虑，还能细心而坚韧地对同一个问题刨根问底。"因为开始得晚"这句话是爱因斯坦最高级别的幽默,也是用来鼓励后进人群的语句。"大器晚成"这个词非常适合爱因斯坦。

著有《爱因斯坦的世界》的英费尔德也是长期和爱因斯坦一起做研究工作的人。他说到在爱因斯坦思索的深度、视野的广度方面,最令人吃惊的是"追求问题的坚韧"。实际上,"科学研究的能力有赖于性格"也是爱因斯坦赞同的想法。另外,作家司马辽太郎也曾说过,"作家的能力取决于能在书桌前坐几个小时"。

一直对一件事刨根问到底,看上去好像一直没有答案、没有变化,但就像植物一样确实在慢慢发生变化。

大脑神经细胞之间的关联也是慢慢地发生变化。这是一个花费10年甚至20年,在大脑中慢慢培育植物的过程。可以说,爱因斯坦的一生都在不断地培育幼年时期萌芽的"思考宇宙秩序"这一小小植物,这一点正是他天才的表现。在爱因斯坦的大脑中,有一片用思考织就的"密林"。

好的答案源自好的问题

在学业上爱因斯坦并不是多么优秀的学生。更确切地说,除了数学等部分科目之外,他是个落后生。这样的他能有重大发现而其他拔尖的优秀人才却不能做到,只能说是因为坚韧思考力之间的差别。

无论是谁,在同一件事情上每天花费10小时,还能持续10年,无论是科学,还是运动、工作、学习,这个人都将取得令人瞩目的成果。

第2章
相对论打开了谁之门？

坚韧地做一件事非常重要。

但是，我们都明白，如果坚韧地连续做一件明摆着是傻瓜才会去做的事情，只不过是在浪费时间而已。

我认为，爱因斯坦拥有坚韧思考问题的能力同时，对于发现"问题是什么"的能力也同样很强。因为他在思考的时候一直都抱着"如果解决了这个问题就能够理解宇宙"这样的信念。

总之，花费了一生的时间去解决一个无聊至极的问题，最终只会鸡飞蛋打、一无所获。并非是重要的问题就好，如果可以，就要选择"接地气"的、"想解决"的问题。从世上不断存在的众多问题中发现这种"毕生事业"也是一项极难的事情。

对于以爱因斯坦为目标的"知识革命家"来说，重要的是在混沌的状态中发现"真正应该解决的问题是什么"的能力。找到那个即使赌上一生也好的问题。只要确定了，就要不断地去接近问题核心。

爱因斯坦也是因为确定了"真正应该解决的问题"，才能在获得成功之前发挥出源源不断的韧劲，才能将自己的一生奉献给这个问题。

继狭义相对论和广义相对论之后，爱因斯坦又挑战了综合了相对论和量子力学的"统一场"理论。不过，最后也没有找到答案。

但是，爱因斯坦自己应该没想到会失败。这是因为在成功之前绝不罢手才是他的风格。我认为，如果爱因斯坦能活得再久一点、继续思考的话，一定能找到某种答案。

■ 科学的感动：爱因斯坦和相对论

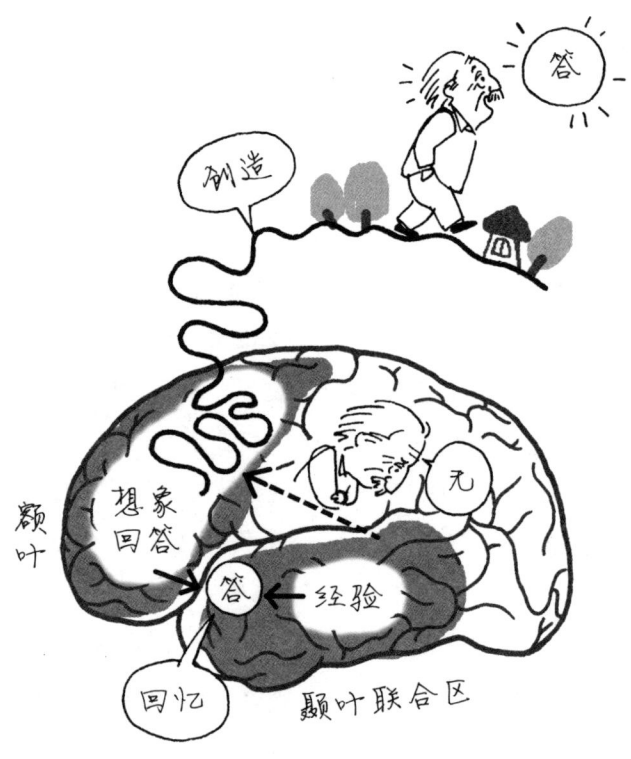

通过额叶构成想象，从颞叶联合区积蓄的经验中找出合适要素的过程是"回忆"，如果没有合适的要素时，这一过程就是"创造"。创造者创造时的痛苦和瞬间遗忘相似。

> 第2章
> 相对论打开了谁之门？

越刨根问底越有趣

狭义相对论的划时代性

现在，我们让话题回到爱因斯坦在"奇迹之年"发表的论文中最杰出的"狭义相对论"上。

爱因斯坦在"奇迹之年"发表的三篇著名论文中，《论动体的电动力学》这一30多页的论文里包含有狭义相对论。

为什么狭义相对论具有划时代性？

爱因斯坦舍弃了"光的实质是波""在以太这种媒介中前进"这一当时的前提假设，通过实验在清晰的事实基础上构建了新的理论。还推导出了"在互相做匀速运动的惯性系中，物理定律是相同的"的结论。

相对于伽利略的相对性原理仅仅是力学定律，爱因斯坦的相对论扩展为包含了光学定律在内的全部物理定律，这一点就足以让它具有划时代的意义。另外，彭加勒的相对性原理并没有摆脱以太的束缚。而爱因斯坦却在束缚之外是自由的。

爱因斯坦的相对论将"相对性原理"和"光速不变原理"作为两大支柱。

实验结果表明，光往往以一定速度 c 传播，这就是"光速不变原理"。但是，这和牛顿力学的"速度合成定律"相矛盾。"速度合成定律"也经过了实验的证明，因此两者的矛盾令爱因斯坦烦恼了将近一年的时间。最终他获得了"时间并非绝对被定义下来的存在，时间和光速度之间具有不可分割的关系"的构想。五个星期之后，他创立了狭义相对论。

在看到"光速度不变原理"和"速度合成定律"相矛盾的同时，表面上看来"光速度不变原理"和"相对性原理"好像也是相互矛盾的。

爱因斯坦同时也认可了集中于牛顿力学的"速度合成定律"而出现的"相对性原理"和"光速不变原理"之间的矛盾，并想出了用"相对性原理的速度合成定律"来解决这一问题。

狭义相对论不仅仅来自于"相对性原理"，而是还加上了与其相矛盾的"光速不变原理"才得以诞生。

对"理所当然的事情"刨根问底

爱因斯坦创造的狭义相对论，具有不可估量的意义。

实际上在爱因斯坦之前也曾有人提出过狭义相对论中出现的"奇妙的"速度公式。所以，不能简单地说这些变换公式是完全由爱因斯坦想出来的。

爱因斯坦的相对论之所以精辟是因为这一物理学理论是从关于世界的、极为基础的问题中诞生的。在牛顿的时空中，两大事件是"同

时"的这一点已经很清楚了。这是根据时间和空间的坐标值获得的内容,并不是应该更深入追究的内容。

爱因斯坦正是从"两大事件是'同时'的这一点是怎么回事"开始思考的。而且从关于光信号的争论中又想出了确认"同时"的方法。说到底,还是在经验的基础上考虑确认"同时"方法。

结果,"同时"并没有确认也没有其他结果,而是得到了不可思议的结论,这一结论成了引爆剂。而且这个世界本来就是按照自然法则进行时间推移的,对"同时"刨根问底也使我们看到了这一"因果性"的深远意义。

在爱因斯坦之前的学者们为了填满理论的空洞而花费"特殊的时间"来考虑变换公式。与此相对,爱因斯坦却通过追溯源头、重新思考"同时"这一谁都认为理所当然的观点而实现了罕见的科学革命。每当想到这一重大意义,我的心底就不禁浮现出全新的感动。

发现"发现相对论"的人们

就这样,爱因斯坦的狭义相对论问世了。但是,刚发表时并没有对物理学世界产生什么影响。

如果爱因斯坦身处研究者的世界里,狭义相对论可能会立刻产生重大影响。但如果他身在其中可能也不会有狭义相对论了。两者之间竟有如此讽刺的关系。

即便如此,仍然有人看到了爱因斯坦的论文并认可其具有可贵

■ 科学的感动：爱因斯坦和相对论

的价值。另外，也有科学家预料到了即将诞生新的科学。通过英费尔德而读过爱因斯坦论文的德国库拉乌卡大学的彼得可夫斯基教授，曾对英费尔德的朋友埃雷亚说过："新的哥白尼诞生了！你快看看爱因斯坦的论文吧。"

于是，埃雷亚教授在某次物理学家聚会上问大家是否读过爱因斯坦的论文。但是，谁都没有看过，谁都不知道爱因斯坦发表过论文的事情。

在这种情况下，大多数人知道相对论时已经到了1908年。这一年，德国的数学家赫尔曼·闵可夫斯基完全接受了相对论。闵可夫斯基曾经在苏黎世联邦工科大学教过爱因斯坦，并评价他是"懒惰的家伙"。但是，他很快就认识到了狭义相对论的重要性。而且他预言爱因斯坦的思考方式将给现代思想带来决定性的影响。闵可夫斯基在德国自然研究者—医学者协会的大会上发表了《空间以及时间》的演讲。

"我接下来想说的空间和时间概念成长于实验物理学的土地之上。它的强项在这里急速前进着。今后'空间自身''时间自身'等将会沉入阴影之中，只有两者的统一才能保持独立。"

"空间自身""时间自身"是指牛顿的"绝对空间""绝对时间"。因为爱因斯坦的出现，他明确地表示这些已经被否定了。于是，狭义相对论作为结合了空间和时间的四维空间几何学开始走向世界。后来，这些被称为"闵可夫斯基空间""闵可夫斯基时间"。

就这样，狭义相对论成了物理学家、数学家容易理解的内容。

对于闵可夫斯基所做的贡献，爱因斯坦这样说道："多亏了闵可

夫斯基给予狭义相对论的形式,狭义相对论明显被简单化。闵可夫斯基最初认识到空间—时间—坐标的形式同等性,并将此运用到了理论的构成上。"

我认为闵可夫斯基将爱因斯坦论文中包含的具有物理学直观的潜力缩小了。相对论的思考方式中包含的真正时空构造应该用未发现的数学框架来书写。

但是,闵可夫斯基对相对论的定型化让更多人知道了爱因斯坦和相对论,这一点毋庸置疑。

顺便说一下,关于爱因斯坦16岁时提出的"以光速追光会如何"的疑问,他这么回答:"变成了和从地上看到的光速相同的c。"

记住"光速不变原理"、不存在比光速更快的物质、光速是有限的,狭义相对论中的"长度缩小""时间延迟""$E=mc^2$"就容易理解了。

■ 科学的感动：爱因斯坦和相对论

平等力——第四爱因斯坦力

相较于是谁说的，说了什么更重要

这一节我想讲解一下"奇迹之年"诞生的要素之一——爱因斯坦的平等力。

作为人，爱因斯坦也是非常优秀的人物。直截了当地说，就是他身上特有的和任何人都能平易接触的平等性。有人在面对掌权者和有钱人时态度会大变，但爱因斯坦却从来不看对方的社会地位、职业、有无权力，态度始终如一。

"我和谁说话时都一样，无论是来收垃圾的人还是大学校长。"这样的态度他一生未变。

所以，在爱因斯坦身上发生了很多和别人平易相处的奇闻轶事。

比如，在苏黎世联邦工科大学上学时，一位叫韦伯的教授非常讨厌爱因斯坦。他曾这样残酷地评论过爱因斯坦，"爱因斯坦，你是一个非常聪明的学生。但是缺点太多太明显了。你不可能成为人人称赞的人物"。

为什么会这么讨厌他呢？理由非常简单，就因为爱因斯坦不称呼他"教授先生"，而是叫他"小韦伯"。虽然在日本很少有这种情况，

第2章

相对论打开了谁之门?

但在现代的英国和美国的大学里这种情况非常普遍。当初我在英国留学时,也不称呼"教授",而是在很长时间内都直呼其首名,我想日本和德国一样还处于权威主义吧。在美国和英国,如果称呼"教授先生",你可能会被当成怪人。

称呼方法直接关系到阶层和权威。当然,哪个国家都会尊重大学老师。但是这和理论以及论文的正确与否毫无关系。特别是在科学的世界里,"谁做的""什么身份的人"都毫无意义,只有想法和数据的正确性才是最重要的。因为如果通过"谁"来判断正确与否,科学将止步不前。

对科学来说,"大家都是平等的"才是最重要的。在强大的想法和数据面前,任何人都是平等的。

不依赖权威,怀疑权威才可能掀起革命,可以说平等力是革命的基础。

爱因斯坦"不动摇的视线"

爱因斯坦自己成为教授、获得诺贝尔奖之后也绝对没有为权威主义所左右,始终保持着平易近人的态度。

据说,他从专利局辞职去苏黎世大学任教时,对大学里的伟人和对来打扫房间的老妇人都采取了同样的态度。这种态度令当时的人无比吃惊。其实,对爱因斯坦来说,这只不过是极为自然的事情。

晚年时,他为治疗心脏衰弱到达瑞士的达沃斯酒店时也是如此。

■ 科学的感动：爱因斯坦和相对论

爱因斯坦同情上了年纪的行李搬运工，没有让其拿行李而是自己拎着两个行李箱进了酒店。据说因为这样他的心脏状况恶化了。

在柏林时期和普林斯顿时期，爱因斯坦答应知道他擅长数学的少女的天真请求，为了教她数学而让她到自己家里来。了解爱因斯坦声望的少女父母道歉的时候，他这样回答："不需要道歉，您的孩子向我学习的同时我也在向她学习。"

顺便说一下，在一次晚宴上，他和邻座的一位18岁少女有过一段愉快的对话。

"您真正的工作是什么？"

"我正在学习物理学。"

"这把年纪了还在学习物理学？我一年多以前就不学了。"

不为权威束缚、自己也不宣扬权威正是爱因斯坦的特征，这种姿态正是科学辩论中的理想姿态。为了获得真理，就需要平等辩论而不去考虑年龄、地位等外在因素，且不分上下等级。

但现实中，往往会掺杂进上下关系而失去平等性、创造性。即使认为"不是这样""奇怪啊"也不敢开口。即使鼓起勇气提出反对，也会被权威压制，"反对？这里可不需要"。正是因为这种氛围，真理才会逃得无影无踪。

人只有在平等交流时才最有可能发现真理。爱因斯坦的"平等力"是我们应该学习的为人之道以及探寻真理的姿态。

第2章
相对论打开了谁之门？

从"发现小岛"到"发现整个大陆"

世界是如何形成的

着眼于根源部分、怀疑、解决的过程，是爱因斯坦和其他科学家之间的决定性差异。爱因斯坦是研究"世界是如何形成的"这一根本问题的人。

从经济学来讲，大多数学者是从"美元贬值的原因""今年的经济增长率"这样的问题出发。与此相对，很少有学者从"货币本质是什么""竞技增长是怎么回事"这样非常哲学的问题出发，但不可否认这样的学者也确实存在。

爱因斯坦也同样如此。他从"引力的本质是什么"这一问题出发并从中找到了答案。这是非常难能可贵的人才。

随着狭义相对论渐渐走进公众视野，爱因斯坦的境遇也在一点点发生变化。

1907年，还在专利局工作的爱因斯坦在对他的才能做出高度评价的伯尔尼大学理论物理学教授保罗·格鲁纳的推荐下，为了获得理论物理学讲师资格而向伯尔尼大学提交了"奇迹之年"发表的论文。然而，却得到了实验物理学教授艾麦·福尔斯特的残酷回应，"这是什么？我一个也看不懂"。

怒火中烧的爱因斯坦想放弃在大学从事研究和生活想法。可是，在格鲁纳教授的调解下，爱因斯坦获得了讲师资格。在迁居到苏黎世大学之前的一年多时间里，他一边在专利局上班一边担任编外讲师。

编外讲师是指大学给予了讲师资格，也为其准备了教室，但大学并不支付报酬，编外讲师需要从上课者中获取报酬，因此编外讲师的报酬非常微薄。但这是那些想成为教授的年轻人们展示的场所，也是大学发掘有才之士的场所，如果不像爱因斯坦这样有其他工作的话，经济上根本无力支撑。

来听爱因斯坦讲课的学生非常少。从1908年到第二年的冬季学期仅仅四人。1909年夏季学期就只有一个人。

可是，某一天来了一位从来没见过的听讲者。竟然是苏黎世大学物理学研究所所长阿尔弗雷德·克莱纳教授。因为听到了关于爱因斯坦的传言，所以他自己想亲自来确认一下他的实力。讲课的情况并不理想，但爱因斯坦在苏黎世物理学协会上进行的演讲非常不错，最终被任命为苏黎世大学理论物理学编外教授。

升任教授的爱因斯坦向专利局递交了辞呈，听到辞职理由的上司这么说道："爱因斯坦，别瞎说。这种事情怎么可能有人相信。多么粗制滥造的玩笑啊。"

1909年10月，爱因斯坦一家移居苏黎世。从此后，在纳粹党兴起之前他一直都过着比较顺利的研究生活。

第2章

相对论打开了谁之门？

从狭义相对论到广义相对论

发表了狭义相对论之后，爱因斯坦的脑海中一直停留着几个令他烦恼的问题，其中一个是关于加速运动的问题。

狭义相对论的前提是物体在做运动速度和方向不变的匀速直线运动。这种情况下，所有的物理法则都是相同的。但是在现实世界中，匀速直线运动非常罕见，大多数情况下，都在做突然加速、改变方向的加速运动。

狭义相对论适用于匀速直线运动但不适用于加速运动，这是个大问题。因此，爱因斯坦想构筑一个包含了加速运动系列的理论。于是，就从狭义相对论扩展到了广义相对论。

这时，就需要将引力也考虑进去。牛顿发现的引力即万有引力定律不仅在地球上适用，也能正确地解释天体运动。所以，没有任何一位科学家会怀疑这一定律。

然而，爱因斯坦将怀疑的眼光投向了万有引力。

实际上，没有任何人能问出这样的根源性问题。艾伦斯特·马赫能做到，但量子论创始人、德国的物理学者马克思·普朗克却表示怀疑。有时，普朗克会问爱因斯坦："现在，所有的问题都在如此广泛的范围内得到了解决，你为什么会因为这样的问题而烦恼呢？"

这时，爱因斯坦正在不断地思考着广义相对论。

关于狭义相对论，不少科学家也和爱因斯坦一样意识到它的矛盾，正在思考"怎么也不行吗"。因此，或许会有人想出答案。但是，关于广义相对论，原本就意识到问题所在的只有爱因斯坦一人。所以，可以说除爱因斯坦以外，没有任何人在思考这个问题。

英费尔德介绍了他和爱因斯坦之间的一场争论。

"假如你没有提出狭义相对论，我认为在不久的将来也会有人提出来。因为时机已经成熟。"

对于这个问题，爱因斯坦这样答道："嗯，如您所说。但是广义相对论可并非如此。现在，我仍然怀疑世人是否知道了广义相对论。"

理论被证明

经过长达10年的漫长思索，1915年爱因斯坦终于完成了广义相对论。

这一理论引导出的现象之一得到了英国研究者们的确认，于1919年在皇家学会总会发表之际，会长约瑟夫·约翰·汤姆森公爵这样称赞爱因斯坦的功绩："爱因斯坦的广义相对论是人类思考史上最大的业绩之一，这并不是发现了新的科学思想的一个小岛，而是发现了整个大陆。这是牛顿发现万有引力定律以来，关于引力的最大发现。"

这真是最高的称赞了。

广义相对论是在"等价原理"和"广义相对性原理"这两个原理的基础上构建的。

① 等价原理

发现的契机是爱因斯坦在专利局工作时大脑中闪现的一个想法，"某人做自由落体时，他一定不会感到自身的重量"。爱因斯坦由此推进到了前面讲述的"电梯坠落"的思想实验——在绳子断掉的电梯中，加速度和引力相抵消而处于无重力状态。引力和加速度相同这一原理就是"等价原理"。

② 广义相对性原理

爱因斯坦认为不仅仅是"惯性系"，连有加速度的"坐标系"的物理定律也是相同的。同时，将"无论在什么坐标系中，所有的物理定律都是相同的"这一广义相对性原理作为物理学的基本原理。

广义相对论迫使对牛顿万有引力定律要做出修正。

之前一直认为引力是以瞬间即无限快的速度沿着宇宙空间传播，但根据广义相对论，很明显引力波是以和电磁波以及光相同的有限速度传播的。另外，对物质在其周围的空间中制造出重力场，则能很好解释如果有物质存在周围的时空会发生弯曲等现象。

爱因斯坦认为，如果物质会造成空间弯曲，原本应该直线前进的光就会沿着空间弯曲曲线前进。如果能真正地证明这一点，广义相对论也会得到验证。

1919年，机会来了。

英国格林尼治天文台指出，验证爱因斯坦预言的绝佳机会到了，即1919年5月29日会发生日全食。如果在日全食时观察太阳不就可以确认光的弯曲吗？但是，当时正值第一次世界大战期间，尚不清楚日食观测队是否能按时出发。即使如此，伦敦皇家协会和皇家

■ 科学的感动：爱因斯坦和相对论

天文学协会仍然组建了以亚瑟·斯坦利·爱丁顿公爵为委员长的委员会，开始做观测准备。亚瑟·斯坦利·爱丁顿代表了20世纪的天文学权威，另外也因为将爱因斯坦的广义相对论引入天文圈而闻名。

幸运的是第一次世界大战于1918年2月2日结束了，英国决定派出一支队伍前往巴西，另一支队伍前往西非的普林西比岛。

观测是指拍摄发生日食时太阳周边的恒星。将此和太阳引力场对恒星的光无影响时的普通照片相对比，就能明白光通过太阳旁边时是如何发生弯曲的。

最后，正如爱因斯坦所预言的那样，发生了1.7秒的弯曲。虽然是非常小的角度，但证明其确实发生了弯曲。

1919年，皇家协会总会发表了这一光辉的成果。

科学让我们动摇

通过日食时的天体观测，爱因斯坦的理论得到了验证，对当时的普通人来说，总有不一样的感动。

科学已经很久没有通过技术应用和经济冲击令人谈论不止了。但是，科学真正的妙趣也并不在此。

当然，科学的意义在于让我们的生活更美好。然而，除此之外，我们还应该有想了解这个我们置身其中的世界这种令人苦恼的想法。

我们所处的这个宇宙的空间和时间正如爱因斯坦所说的是弯曲的、扭曲的。这一点已经在日食这一特别天体运动中得到了验证。

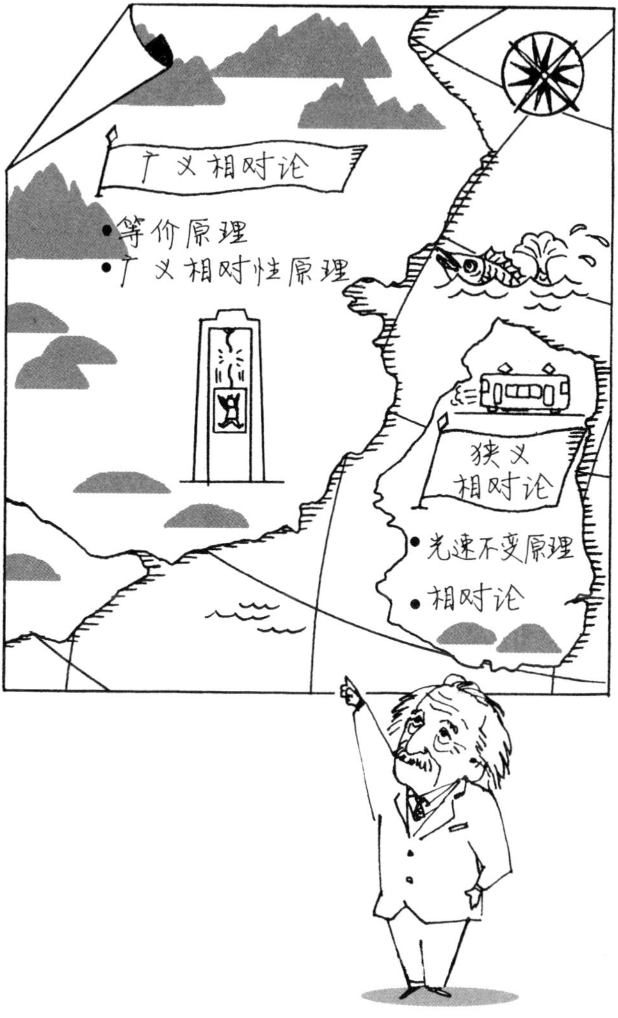

相对论打开了谁之门?

从孤独小岛到整个大陆

■ 科学的感动：爱因斯坦和相对论

这一新闻一定带给那些认识者一种感觉自己站立的大地正摇摇晃晃而出现的晕眩感。

那些关于世界的理所当然的想法也发生了动摇。一瞬间，地球好像变成了和以往完全不同的世界。这才是科学的奇妙之处、存在的意义，以及人类精神的追求。

终于观测到的引力波

在大约 100 年后的 2016 年 2 月，相对论再次震惊了世界。以美国为中心的 LIGO 项目团队宣布终于成功地直接检测出引力波。这是可以和 1919 年观测到光弯曲相匹敌的重大发现。

引力波是指时空的波纹。我们先把时空想象成网一样的存在。有物体掉落在上面时，网就会发生扭曲。如果存在物质就会发生空间弯曲指的正是这种情况。而且如果物体发生振动，网就会发生波动。这种波动就是引力波。

因为引力波可以贯通所有物体，所以碰撞到某种物体时我们无法观测它的反应。但是，因为光具有沿着引力波引发的空间弯曲前进的性质，所以通过对光的观测就能够检测出引力波。

引力波的产生正是时空弯曲的结果，可以看到两种物体间距离的延伸和收缩。而且这一时空弯曲是在两个正直相交的方向上，一方延伸则另一方收缩，一方收缩则另一方延伸，不停地重复着这样的振动变化。也就是说，用电子分解器将同样的光分离并发射向两

个方向,通过测量安装在远方物体上的镜子反射回光纤维的时间就能知道是否有伸缩、是否能检测出引力波。

实际上,出现超新星爆炸、黑洞合体这样的严重现象时也会产生引力波,即使在遥远的地球上也能观测到。然而,引力波的晃动非常微弱,所以很难直接观测到这种波。经过科学家长年累月的努力以及引力波检测器的改善,终于成功地观测到了这一微弱的晃动。

引力波的发现自然证明了爱因斯坦所说的"有物质存在的地方就有时空弯曲"的广义相对论,但能成为如此轰动的话题,还有其他原因。

迄今为止,人类已经发现了X射线和紫外线等,使人类能够从外面观测到看不到的人体内部和物质内部,这说明世界取得了飞跃的进步。因为引力波也是这些相同的波动现象之一,所以众人都期待着它能为人类带来新的发现。和伽利略发明了望远镜一样,引力波为人类带来了观测宇宙的新方法。具体来说,对黑洞和中子星等不发光物体的观测也取得了重大进步。

■ 科学的感动：爱因斯坦和相对论

幽默力——第五爱因斯坦力

笑和革命非常投缘

再列举一个爱因斯坦力——幽默力。

实际上，说到爱因斯坦时，就少不了幽默。《时代》杂志的封面上刊登的爱因斯坦吐舌头照片非常有名。这时的爱因斯坦已经是功成名就的科学家了，一般不应该做那样的动作吧。会这么做的也就只有讨厌拘泥于形式、喜欢轻松自在氛围的爱因斯坦了。

面对无法理解相对论的提问者爱因斯坦会做出这样的解答。

"一个小伙子坐在喜欢的姑娘旁边时，一个小时就像一分钟一样快速地过去。同样还是这个小伙子，坐在火炉边上几分钟都会觉得无比漫长。"

他就像当时非常受欢迎的喜剧演员马克斯兄弟一样诙谐幽默。

他独特的幽默始于年轻时期。

在苏黎世联邦工科大学读书时的爱因斯坦虽然是"孤独的怪人"，但自然也会有值得信赖的朋友。其中一个就是"一辈子的朋友"马塞尔·格罗斯曼。格罗斯曼是出生于匈牙利的数学家，之后任苏黎世联邦工科大学教授，在生活上、研究上都在不断地帮助爱因斯坦。在马塞尔家里，爱因斯坦对他的弟弟说："你跑不快吧。"弟弟问道：

相对论打开了谁之门？

"没有这种事，但是为什么这么说？"爱因斯坦拽着弟弟的耳朵说道："因为你的耳朵大阻挡了风。"引得大家哈哈大笑。

在另一个朋友埃拉特家里，爱因斯坦出现的时候头上裹着厚厚的布。埃拉特的母亲问他："感冒了吗？""是的。"母亲再次问道"那么，头上裹的是什么？"爱因斯坦回答："是自家橱柜上的帘子。"

笑具有破坏已有权威和秩序的作用。爱因斯坦之所以能掀起革命，就是因为他面向权威和秩序时举起了反旗，所以一笑置之具有多么强大的力量。

科学的历史也是破坏已有权威和理论、创造新理论的历史。另外，幽默也具有改变现状的力量。反过来说，没有幽默感的人无法掀起革命。革命和笑之间有很深的渊源。

重要的是自嘲

幽默产生于抛开自身而客观观察。幽默缺乏症常见于固执于自我想法的人、顽固坚守自己骄傲的人等等。

不认真就无法从事厉害的工作，但过于认真又会远离幽默，更无法从事厉害的工作。

如果真的能相信自己，就请客观地分析自己，抛开成见开怀一笑吧。客观分析自己还能找出自己的弱点。只有不隐藏自己弱点的人才是有可能具有幽默感的人。

无论组织得多么严密，理论都会有很多弱点。不隐藏弱点、积极讨论弱点才能克服弱点。相反，只有那些提出自相矛盾的理论的人才会张狂地说"这很厉害吧"。这不过是因为他想隐藏弱点而虚张声势罢了。

重要的是要具有幽默感并客观看待自己的理论。不仅仅对于他人和权威，对自己来说幽默也是非常重要的因素。爱因斯坦认为这一点非常精妙。

第2章 相对论打开了谁之门？

接受"命运的馈赠"

叛逆者的胜利

关于观测验证了自己的理论，爱因斯坦对自己的朋友马克斯·普朗克说过："今天晚上赫斯普朗给我看了亚瑟·爱丁顿写给他的信。据此，精密地测定照相干板的结果，可以正确地看出光的弯曲理论值。能亲自验证自己的理论这真是命运的馈赠。"

曾有学生和爱因斯坦这样说："老师的理论是否正确，要等下次日食时才能验证，还要等八年之久，真是痛苦啊。"

爱因斯坦这样回答："像我这样有太多思想烦恼、往废纸箱扔了太多废纸的人，理论是否正确已经没有那么重要了。"

如果能证明理论的正确性，爱因斯坦看似乐观的回答也一定会含有特别的感慨。

叛逆者失败、权威者取得胜利的例子并不少见。然而，在自然科学中，通过是否适合观测事实这一观点就能获得瞬间反转。一旦反转，岂不痛快？

以这一天为分割线，爱因斯坦再也不是藏身于市井的普通科学家了，而是成了世上无人不知的人物。连普通人都知道了爱因斯坦的名字。当然，在此之前相对论是物理学大革命这一点已经传播开来，而光是弯曲的这一普通人也非常容易理解的理论已经传遍了全世界。

爱因斯坦热潮来了。

这一年出生的孩子中被起名为"阿尔伯特"的更多了,因为听说了爱因斯坦的事情而访问柏林大学的人不断增加。不仅如此,来自世界各国的邀请函也陆续送到了爱因斯坦的手中。

关于这种喧嚣,爱因斯坦这么说道。

"我并非不习惯拒绝,但是现在被形势所迫,渐渐地学会了这一技巧。报纸报道如洪水一般,提问、邀请、请求深深地困扰着我,我仿佛走进了在地狱中接受火刑的梦中。在这个梦里,快递员是魔鬼,说着如果我不回复那些老信件,无论何时都会冲我狂吠不止。"

未获得诺贝尔奖的相对论

1921年,爱因斯坦获得了诺贝尔物理学奖。但是,获奖原因是"为理论物理学做出贡献,特别是发现了光电效应定律"。

为什么相对论没有成为获奖理由呢?据说理由之一是作为犹太人的爱因斯坦构筑的相对论成了逐渐兴起的纳粹党的攻击目标。但是,不管怎么说,相对论在世界上的知名度非常高,当然当时还有很多科学家无法完全理解相对论真正的意思。

1920年—1930年的物理学界,和相对论并称20世纪物理学两大革命的量子力学也发挥了重要作用。

第2章

相对论打开了谁之门？

如果说相对论诞生于爱因斯坦的"奇迹之年"1905年，量子力学就诞生于马克斯·普朗克发现"辐射定律"的1900年。

普朗克是爱因斯坦的朋友，在包括"从科学的寺院中驱逐出因功名心和功利心做科学研究的人，将只剩下很少的一部分研究者"这一观点的演讲中，他高度评价普朗克为这些少数人之一。

同时，爱因斯坦对量子力学的形成也发挥了重要作用。特别是在关于获得诺贝尔奖的关于"光电效应"的论文中，明确了光具有波动性质和粒子性质，并将光能量块命名为"光子"。这一发现和解释原子构造的问题相关，同时代替牛顿运动方程的"薛定谔波动方程"这一微观世界的基本方程式诞生了。

薛定谔波动方程表达的并非关于粒子在什么地方以什么速度运行，而是关于具有粒子速度的随机性和这一场合中存在的随机性。

然而，爱因斯坦本身对其大为不满，而且对之后量子力学的发展方法也大为不满。因为他认为这样的量子力学统计手法是暂时的辅助手法，而非最终的方法。

"上帝不会掷骰子。"这句名言是爱因斯坦对这一现状的回击。

但是，这一思考方式并未成为主流，爱因斯坦剩下的岁月里也一直在研究统一引力和电磁力的理论即"统一场论"。

耗费了后半生研究的统一场论并没有结出果实，但这一研究项目却关系到了今天的"超弦理论"和"超膜理论"。

■ 科学的感动：爱因斯坦和相对论

量子力学和"统一场论"

现在，自然界中存在万有引力、电磁力、弱作用力、强作用力四种基本力。弱作用力是指发出放射线、破坏原子核的力。强作用力是指令强子和中子结合形成 原子核构造的力。

随着微观世界研究的推进，两者渐渐被解释明白，如果在爱因斯坦时代就已经能解释明白的话，他的研究成果也应该会有更大不同。

同时，我们也了解到了爱因斯坦的目标和方向绝对不会出错。

将四种基本力统一起来的理论被称为"超大统一论"。这一理论，尚未有人完成。构建将这四种基本力统一起来的理论是物理学家们的终极目标，如果能完成这一理论，物理学界将再次迎来大革命。

虽然物理学表现出了各种技术变迁、研究话题的变化，但基本上都按照爱因斯坦描绘的方向变化，着实令人吃惊。

连对其统计性格持反对态度的量子力学，爱因斯坦都能看透它的几点本质。比如，量子力学必然具有"非局部"的性格，在某种特定的时空中的性质是只能看到其周围不确定的现象，爱因斯坦的慧眼看透了这一点。

关于用几何学的法则看待时间秩序，爱因斯坦也具有难能可贵的直觉。看上去毫无关系的各种力是在单一的几何学原理基础上引导出来的，爱因斯坦的这一智慧为今后物理学各个领域的发展指明了方向。

第2章

相对论打开了谁之门?

宇宙大爆炸以及核动力

今天,爱因斯坦的狭义相对论已经成为电气和磁气、原子核和基本粒子的研究中不可或缺的理论。广义相对论也被应用于宇宙论等领域得到了很好的发展,比如大家都知道"宇宙大爆炸"和广义相对论预言的"黑洞"等等。

爱因斯坦的另一重大理论和核能相关。

爱因斯坦发现之前一直被认为是两种不同物质的质量和能量实际上是相同的物质。两者可以互相变换,质量可以转化为能量,相反能量也可以转换为质量。并且得出结论,质量(m)转换后成为能量(E),两者之间的关系就会符合公式"$E=mc^2$"。

c是指光速。30万千米/秒的平方是非常大的数字。也就是说,即使是非常少的质量,一旦全部转化就能产生巨大的能量。如果太阳以像燃烧煤炭和石油一样的化学反应燃烧,大概瞬间就会烧尽。正因为以质量转换为能量(核聚变反应)燃烧,就会不断地释放出大量的热和光。

当初有很多科学家都意识到了这一重大发现,但只不过停留在了"所以又能怎样"的态度上。因为将质量转化为能量需要大量的能量,所以很难成为现实。

然而,1938年德国的化学家、物理学家奥托·哈恩和女物理学家莉泽·迈特纳有了新的发现。这一发现就是,用中子轰击铀的原子核就会发生核裂变,原子核的质量微微减弱并释放出惊人的能量。

■ 科学的感动：爱因斯坦和相对论

紧接着，意大利出身的物理学家恩里克·费米又有了其他发现——铀发生核裂变时，释放能量的同时会产生大量的中子，中子轰击其他铀原子核并再次引起核裂变。

这种铀的核裂变释放巨大能量证明了爱因斯坦的"$E=mc^2$"。也就是说，如果能实现核裂变的连锁反应，就能一下子摧毁一个大城市。

爱因斯坦预言可以用像镭一样能释放高能量的物质来验证"$E=mc^2$"，事实也正是如此。但是，从此后出现了原子弹这样的武器，完全无法想象真正投入使用会发生什么。

当然，控制核裂变发生的速度、取出热量应该就能实现核能发电，从此，以什么目的来应用科学，在现实中就会发生怎样重大的变化。

"对于释放了巨大力量的科学家来说，使用核能是为了人类的幸福，必须扼杀使用核能来杀死全人类的动机，科学家们负有首要责任。"

爱因斯坦的这席话明确地表达了科学家对核能应有的态度以及责任。

原本，爱因斯坦是从光速不变原理中导出"$E=mc^2$"这一结论。

光速不变原理是指光速是30万千米/秒的超高速，是有限的速度，不存在比光更快的物质。

脱离尘世之力——第六爱因斯坦力

真正的自由在哪里

在欧洲,有"心不在焉的教授""脱离尘世的研究者"这样的说法。其扩展成了一个领域的幽默。比如,被称为最初哲学家的古希腊泰勒斯也是如此。他仰望夜空、过于沉迷于观察天象时掉进了地上的坑中,就笑着对身边的女性说道:"所谓学者,虽然了解遥远星空的事情,却不了解自己脚底下的事。"

爱因斯坦也是这样的典型,其穿衣风格上也脱离了尘世。但是,不穿袜子、穿着破烂上衣也是对权威的厌恶和对社会漠不关心的一种招数。他的朋友阿尔道夫·凯勒非常了解普林斯顿时期的爱因斯坦,他这样评论道:"他脱离了所有上流社会的习惯,具有自由的独立的精神,这一点从他的外表也能看出来。科学的修道者和隐士可能就是这个样子。不加修理的、乱蓬蓬的头发,松垮垮的、敞开的衣襟,低垂的上衣,这就是对这个发现宇宙公式、为了用新方法规范宇宙而开发出一片新自由的预言家和智慧的革命家的第一印象。"

爱因斯坦在苏黎世联邦工科大学读书时,经常忘记带宿舍钥匙而不得不摁门铃,令宿舍主人非常苦恼。在柏林大学任教期间,他穿着短裤、一副寒酸的样子站在讲坛上,被守卫称为"穿着破烂的人"。

■ 科学的感动：爱因斯坦和相对论

在当时德国大学的教授欢迎仪式上，他穿着深绿色劳动衬衫出现在豪华风格的酒店时，被门童误认为是修理电灯的人。

爱因斯坦对金钱和对服饰一样毫不关心。

刚开始在瑞士专利局上班的时候，爱因斯坦的工资是每年3500瑞士法郎，但四年后就涨到了4500瑞士法郎。爱因斯坦虽然也非常开心，却问局长哈勒"拿到这么多钱该去干什么好呢"。

爱因斯坦担任教授时，有这样一件趣事。在某位朋友家里，他面对厨房的小桌子上准备的牛奶、面包、奶酪、蛋糕、水果，问道："除了这些东西，再加上小提琴、床、桌子和椅子，我还有其他想要的东西吗？"

他并不是讨厌金钱，只是没有赋予金钱太大的价值。下面这句话就能很好地表达出爱因斯坦的价值观。"财产、外在的成功、奢侈物品是普通人努力追求的目标，但对我来说，从年轻时这些都是无聊的东西。"

独立于世间的宣言

脱离尘世是独立于世间的宣言。

在生物进化上，有种现象是"岛屿效应"。如果岛屿远离大陆，则岛屿上的生物和大陆的生物进化方向并不相同。同样，在科学的世界里，远离世俗的价值观和科学家的权威岂不是更容易取得革命性的进化吗？个人也好，科学界整体也好，如果和世俗的价值关系

相对论打开了谁之门？

过于紧密，都会对其革命见地产生不良影响。

爱因斯坦的理想价值观是"善、美、真理"。只有这一探求才是他努力的目标，财产和名誉只不过是"猪栏的理想"。

爱因斯坦说为科学献身的人大致分为两种——以功名心奉献的人和以功利心为目的的人。他曾说过，如果从科学的寺院中将属于这两种人的科学家驱逐出去，寺院大概会变得空荡荡的。

反过来说，没有功名心也没有功利心、只为真理而奉献一生的人，被世间称为"脱离尘世的人"。同时，如果不是这种人，就无法接近真理。

爱因斯坦之所以成为"心不在焉的教授"，正是他一心追求真理的结果。有生之年的价值何在、目的何在？金钱、名誉、稳定等时间的价值也非常重要，但将这些当作唯一的、至高无上的价值又会怎样呢？

作为独立于世间的宣言，难道不需要这脱离尘世之力吗？

■ 科学的感动：爱因斯坦和相对论

方程力——第七爱因斯坦力

作为撒手锏的方程式

很多人都会做较难的课题，爱因斯坦也是这样的人，但他的厉害之处在于最后总能把得出的结论以一种简单的形式表达出来。在足球运动上来说，就像是奇迹的撒手锏。解决哲学性的根本问题，最后将答案归结为具体的方程式。即使在科学史上也很少有。

爱因斯坦的方程中最著名的就是前面讲到的"$E=mc^2$"——能量和质量的关系方程式。

爱因斯坦发表的论文《物体的惯性依赖于其所含有的能量吗？》（全文刊登在卷末）只有短短的三页。

其中，爱因斯坦发表了这样的观点——

① 如果物体释放光能，其质量就会减少。

② 质量和能量相同，物体的质量也是其能量的标尺。

当时，质量和能量相同这一点是难以想象的。另外，这一点也和物理学的基础——"质量守恒定律"和"能量守恒定律"相矛盾。但是，爱因斯坦从"光速不变原理"中导出"质量和能量相同"的结论，并预言可以通过镭这种能释放强大能量的物质加以验证。

第2章

相对论打开了谁之门?

在专利局工作期间,爱因斯坦写了一个非常有名的方程。题目是《怎么做人才能成功》。

A(成功)=X(艰苦劳动)+Y(正确方法)+Z(少说废话)

并没有冗长地解说,只简单地归纳为"结论就是这样"的方程。非常简洁易懂并颇具说服力。也就是说,这一构想很容易实现。能以方程式的形式表达冗长的言语就证明爱因斯坦具有向他人表达自己想法的巨大能量。

只看"$E=mc^2$"这一方程就能明白爱因斯坦思考的是什么。正因为将革命性的思考方式凝缩为一条方程式,相对论才能具有如此巨大的能量。

用一行方程式书写世界

我曾听说过这样的故事。数学家 A 放弃了数学家的生活成了一名诗人。听说这件事的数学家这么评价 A:"不做数学了? A 就没有一颗诗意的心。"

这是说数学家对待数字的诗意远在语言之上。

没错,语言是表达的主干,但语言也有界限。与此相对,数学公式可能难以理解,但正因为简短,所以有时就具有将世界凝缩为一行的收纳力。

因此,用绵长的语言来解释爱因斯坦的相对论和马赫原理,这样的表达方法也可以,但总结为方程式则更简洁易懂。就像诗人用

■ 科学的感动：爱因斯坦和相对论

简短的语言表达世界一样，数学方程也能简短地表达世界法则。爱因斯坦一直保持着这样的原则。

牛顿可能是最先用简短方程表达世界的人。爱因斯坦将其进一步扩展，赋予了方程更加深刻的含义。

据说现在连人类的意识和智慧都可以用方程和数学方式书写出来。也有人说写不出来，但这也是在考虑了数学的表现力的基础上说出的富有启发的话语。

爱因斯坦的墓碑上刻有"$E=mc^2$"这一方程式。可以说这一方程式中凝聚了爱因斯坦的人生。只从这一方程式中就能解释原子弹有如此威力、核能发电、太阳发光的原因，这一点让人感到了爱因斯坦的厉害之处。

第3章

爱因斯坦的冒险和相对论

像天才一样活着就能成为天才吗?

■ 科学的感动：爱因斯坦和相对论

爱因斯坦和"可感受特质"

我为什么成了科学家

前面的讲述结合了相对论和爱因斯坦的生活方式，但这里还要再看一下他的生平。对我来说，爱因斯坦是足以决定我一生的伟大存在。如果没有爱因斯坦，我可能不会选择做科学家，而是走上其他道路。他对我的影响就是这么强大。

爱因斯坦不受任何权威和体制的束缚，并且具有革命精神。1997年日经科学出版了我的处女作《大脑和可感受特质》，之所以在书的封皮上写了"大脑和心的问题，有待21世纪的爱因斯坦来解决"，是因为如果不出现像爱因斯坦一样的人物，科学界有很多问题都无法解决。

爱因斯坦掀起了物理学革命，如果能知道其为何能影响到哲学、艺术、文学，就能知道如何在21世纪掀起一场革命，至少一定能够从"自身革命"开始。

爱因斯坦于1879年3月14日出生于德国的乌尔姆市。父亲赫尔曼·爱因斯坦经营电气工程店，但事业并不顺利，不久就移居慕尼黑。其父在那里的工作也不顺利，但并未给爱因斯坦的成长留下

第3章

爱因斯坦的冒险和相对论

阴影。父亲是屡败屡战、挑战事业类型的人,母亲保玲·爱因斯坦热爱音乐,是典型的"犹太妈妈"(教育妈妈),热爱教育。

爱因斯坦的父母并不具备特别的科学才能。父亲的弟弟雅各布·爱因斯坦是技术员,爱因斯坦对数学感兴趣离不开他的功劳。后来,被问及"科学的才能遗传来自于父亲还是母亲"时,爱因斯坦这样答道:"我没有什么特别的才能,只是有非常极端的好奇心。所以,并不涉及遗传的问题。"

但是,对爱因斯坦来说,幼年时从父亲手中得到的指南针具有十足的魅力。为什么无论何时磁石针都指向同样的方向?想要解开这一谜底正是科学好奇心的开端。

然而,思考磁石之谜确实快乐,但强制死记硬背的功课、由规律和命令支配的学校生活令爱因斯坦太过于痛苦。虽说如此,但当时因他自己意志而开始学习的小提琴一直坚持了下来,并且他一生都没有放弃过小提琴。

1922年,爱因斯坦闻名世界,乌尔姆市的一条街道被命名为"爱因斯坦街"。1933年,德国受反犹太主义的影响,街道被改名为费希特街,第二次世界大战结束后再次改为"爱因斯坦街"。从这件事可以看出,爱因斯坦是犹太人,也曾经受到过纳粹的迫害。

但是,爱因斯坦的父母并没有非常严格地遵守犹太的戒律。另外,爱因斯坦自身也在学生时代就脱离了犹太宗教。进入高级文科中学之前上的慕尼黑小学也是家附近的天主教会学校。

也就是说,爱因斯坦虽是犹太人,却并未过多受犹太传统束缚,也未从事具有创造性的工作。

■ 科学的感动：爱因斯坦和相对论

成为天才的方法

事实上，犹太人中有很多天才。

比如在仅有的 1200 万人口中，包括爱因斯坦在内获得诺贝尔奖的有 155 人。按人口比率计算的话，需要 1550 名日本人获得诺贝尔奖才能达到犹太人的获奖比率。获得诺贝尔奖的人不一定都是天才，也有很多天才和诺贝尔奖无缘，但多人获得诺贝尔奖也是"犹太人中有很多天才"的佐证之一。

犹太人中也有不少创造独特理论的天才和艺术天才。精神分析的创始人西格蒙德·弗洛伊德是犹太人，社会主义思想家卡尔·马克思、音乐家古斯塔夫·马勒等也是犹太人。

那么，犹太人是天才民族吗？并非如此。

第一，犹太人并非一直富有创造性。过去的 1800 年左右基本上没有出现任何天才，但最近的 200 年间，天才呈爆发式增长。

想到这里，大家自然会发现近代以来，犹太人的生活方式和思考方式都发生了戏剧性的变化，这难道不是天才辈出的原因吗？

实际上，在犹太人传统之下，很难说犹太人一定会从事创造性的工作。如果说他们具有创造性，也可以说是因为相较于其他民族他们更早地脱离了笼罩整个欧洲的强制性社会秩序、压抑的权威、宗教的束缚而获得了自由。

以色列建国之前，犹太人分散在欧洲各国，在各个国家中属于脱离正统秩序、权威、宗教的少数自由派。

因为是自由派，所以在各国的多数派民族渐渐摆脱中世束缚的

爱因斯坦的冒险和相对论

过程中，较早地获得了自由。这种自由，难道和天才辈出无关吗？

而且因为是少数派，如果不努力学习就很难在社会中出人头地，所以犹太人更倾向于让孩子拼命学习。这种知性传统，可以理解为这 200 年间犹太人飞跃前进的原因之一。

爱因斯坦就是这种典型。虽然不是日本意义中的"爱学习的孩子"，却是具有罕见的知性好奇心和自由精神的人。

自由需要建立在获得知识的基础之上。如果这是成为天才的方式，那么，爱因斯坦也不是个例外吧？

■ 科学的感动：爱因斯坦和相对论

相信力——第八爱因斯坦力

"确信是我心中的神"

爱因斯坦生为犹太人，移居美国是因为受到了纳粹的迫害，所以有人误解他是信仰犹太教的人。但是，在很早的时候，爱因斯坦就主动退出了犹太教的宗教团体。不仅如此，他就读于高级文科中学期间，于1896年放弃了德国国籍，在1901年获得苏黎世市民权之前，在这几年间他一直处于无国籍状态。从高级文科中学退学，在欧洲流浪期间，他也一直没有护照。

他完全像一个不信神、不信国的自由人士。但是，爱因斯坦也不是不相信任何东西。

一般来说，无关乎国内国外，做成什么事的人都是相信力非常强、一定抱有强烈信念的人。不一定是特定的宗教，而可能是某种价值观和世界观。大概可以称为广义的信仰心吧。

爱因斯坦也具有这种意义的信仰心、相信力。

从他不信仰犹太教和基督教这一点来看他确实是个无宗教者，但他对创造宇宙的神和宇宙秩序抱有深深的敬畏感。

曾有人问他，"喜欢什么宗教"，他这样答道："在世界面前，对我有所启发的高度理性才会让我从直觉上深信不疑，这种确信才是我心目中神的概念。除此之外，我和传统的宗教没有任何关系。"

他没有因为获得诺贝尔奖从此声名大噪而兴奋并欲望膨胀，却始终怀有对宇宙秩序的敬畏信念。所以爱因斯坦才能掀起一场革命。

和是否大学毕业无关，支撑着难以就业的困难时代的正是这种强烈的信仰心。

神的名字不是问题

前面讲过，爱因斯坦有句名言是"上帝不会掷骰子"。晚年，他曾给弗里茨·赖歇教授写过这样一封信：

"我现在仍然相信上帝不会掷骰子。

"如果神真想要这个，就会做得更彻底。掷骰子就不会固执在一个图式上吧。'一不做二不休'，这样一来，无须探求法则等等也无所谓了。一切都将变成和合理法则完全相反的表达方式。

"然而，我一直追求的是符合法则。我发现的东西如果起不到任何作用，这一罪过在我而不在神。"

另外，他还说过"神是狡猾的，却并非居心不良""谁都知道神也可能有些坏心眼"。

爱因斯坦一直在不断地追求宇宙法则。对此，神有时会微笑，但有时并不会轻易显露自己的真意。即使如此，能继续从事研究也是因为他有"最后一定能到达某处"这一强烈的信仰心。

"宇宙宗教感情是科学研究最强的、最高贵的推动力"，爱因斯

■ 科学的感动：爱因斯坦和相对论

坦这么说道。

"开普勒和牛顿经过常年的孤独努力终于能够解开天体力学的结构，这是因为对世界理性的深深信赖、对想了解事物的强大憧憬在他们内心燃起了熊熊烈火。只有和他们具有同样目标的人才能鼓舞这些人，不向无数的失败低头，给予他们执着地坚持自己的力量并保持有价值的观念。正是对宇宙宗教的感情给予了他们这样的坚强。只有真挚的研究者才是唯一的、真正深信宗教的人，这一点不容置疑。"

信仰，重要的并不是神的名字。

爱因斯坦拥有强大的信仰心，他坚信时间的一切最后都能用统一的原理加以说明。所谓信仰，是最强的脑力之一。坚持完成某件事的天才一定具有不可动摇的、深深的信仰心——"一定是这样"。

不动摇自己的生活方式并加以肯定，穷尽一生加以追求是需要勇气的。这是因为人生中遇到很多不得不委屈自己以迎合时代的事情。但是，是否迎合时代、是否按照自己的信仰生活，是天才和凡人的分水岭。爱因斯坦将诺贝尔物理学奖的奖金用在了和前妻米列娃·玛丽克所生的两个孩子身上。对爱因斯坦来说，诺贝尔奖并不是什么特别大的事情。

爱因斯坦的冒险和相对论

在自由的土壤中播下科学的种子

没有自由，好奇心终将枯死

我感到，爱因斯坦自由的生活方式充满了勇气。所以，他的生活方式和语言具有影响力。我认为天才真正厉害的不是才能而是生活方式。

如果生活方式充满勇气的人被称为天才，我们自身也能成为爱因斯坦。并不需要羡慕这一稀有的才能，而应该憧憬他的生活方式。

"天才和勇气成正比"，这是我们掌握爱因斯坦力时最重要的原则。

爱因斯坦不是好学生。比如，他为了取得数理物理学专业教师资格进入了苏黎世联邦工科大学，但他的兴趣是物理学。

关于当时的事情，他这样说道："我应该能接受非常优秀的数学教育。但是，和真实经历的直接接触深深地吸引了我，我大部分的时间都在物理实验室中度过。剩下的时间主要在自己家里研习基尔霍夫、荷尔姆获茨、赫兹等的著作。

"我在某种程度上轻视数学，不仅仅是因为我对自然科学的兴趣超过了对数学的兴趣，还因为我知道数学分成了几个专业领域，而

■ 科学的感动：爱因斯坦和相对论

一个一个的领域将耗尽人短短的一生。我觉得自己被迫站在了不知道吃哪一捆干草的比里当之驴的位置上。当然，物理学的每一个分支都需要对知识的深深渴望也因此被分为了各种特殊领域。另外，没有什么关联的各种实验数据也堆积如山。但是，在物理学领域中，我很快就分辨出基础是什么、令其赋予其他精神并学会了无视所有偏离了本质的杂物。"

虽然爱因斯坦也有"为了考试无论想要还是不想要这些无价值的东西都不得不死记硬背下来"这样的障碍，但他一边感谢朋友"能让自己将考试之前的两三个月留出来自由选择学习什么"，一边尽情享受自由。

从爱因斯坦的经历中可见，"对圣洁的探求抱有好奇心这棵敏感的植物"最需要的就是自由，"没有自由就一定会枯萎而死。相信观察和探求的喜悦会随着强制和义务感的增强而有所增进是大错特错"。

从教师的角度来看，爱因斯坦是"懒惰者"，但不可否认爱因斯坦一定是通过在自由中的不断研究才浇灌出了才能之花。

和谐具有重大价值

1905年发表了狭义相对论、被邀请到苏黎世大学担任教授的爱因斯坦于1909年辞去专利局的工作，正式踏上研究者之路。

教授的候选人还有一位，是爱因斯坦在苏黎世联邦工科大学学习时的朋友弗里德里希·阿德勒。阿德勒是奥地利社会民主党指导

爱因斯坦的冒险和相对论

者的儿子,因此教育局想选阿德勒。但是,阿德勒建议应该只根据科学才能进行选拔而推荐选择爱因斯坦。

多亏了阿德勒的无私和公平,爱因斯坦才能成为教授,苏黎世大学才得以引进了这位天才科学家担任教授。

然而,从科学家的角度来说爱因斯坦的确是最佳选择,但从教师才能来讲恐怕阿德勒才更加合适。推荐爱因斯坦担任教授的阿尔弗雷德·克莱纳教授究竟被爱因斯坦的哪种魅力所吸引呢?加上对相对论和布朗运动论文的评价,还留下了这样的推荐言辞:

"他工作的突出之处在于思想把握和追求上异常敏锐、要点突出且深入。他的思路清晰并且正确,值得关注。他在很多点上都创造了新的独特语言,但这是30岁的人独立性和成熟性的明显标志。从他写的东西中可以看到他对不可侵犯的真理的执着和绝对的客观性。和野心无关,没有添加任何和科学无关的争论和冲突。"

据爱因斯坦所说,克莱纳并非伟大的物理学家,却是难得的能让自己喜欢的人物。爱因斯坦的想法是:"相比老练的数学式操纵者和秩序的制定者,能维持和谐的人更具有价值。"

虽然社会地位提高了,但收入和在专利局工作时没什么变化。即便如此,爱因斯坦依然爱着苏黎世这座城市,享受着教学工作。苏黎世也是他的妻子米列娃喜欢的城市。

但是,1911年3月,因为担任了德国的大学教授之职,爱因斯坦起身前往布拉格。德国的大学教授的地位很高,相当于奥地利国王任命一样。像爱因斯坦这样的无宗教者,非奥地利人被任命为教

■ 科学的感动：爱因斯坦和相对论

授实属特例，看中的正是他的科学业绩和才能。

爱因斯坦的就任演讲聚集了布拉格的许多知识分子，大讲堂中座无虚席。爱因斯坦的演讲以其不加修饰的风采、毫不装腔作势、自然的、穿插着令人精神十足的幽默，征服了所有听众的心。

另外，有人很早就希望爱因斯坦担任其母校苏黎世联邦工科大学教授了。把狭义相对论作为结合了空间和时间的四维空间几何学来研究的赫尔曼·米可夫斯基，向瑞士教育委员会建议引进爱因斯坦。当局向玛丽·居里和亨利·彭加勒询问爱因斯坦的业绩时，两人也给出了高度评价。因此，这一建议被顺利采纳，爱因斯坦于1912年从布拉格返回苏黎世，就任联邦工科大学教授。

在联邦工科大学就读期间被称为"懒惰的学生"，毕业时被拒绝留校的爱因斯坦在12年后以教授的身份重返母校。

第3章

爱因斯坦的冒险和相对论

自立力——第九爱因斯坦力

只用自己的语言书写论文

想到爱因斯坦，自立是非常重要的一点。

他于1905年发表的关于狭义相对论论文中，没有引用任何文献。杂志《德国物理学年报》上登满了专家们书写的科学论文，每一篇都写有很多的注释和引用文献。这种引用文献具有重要的意义。因为过去的历史经纬、现在的问题等等都是通过引用其他文献和先行研究来完成的。

但是，爱因斯坦的论文中没有引用文献。虽然仅有一些注释，但也不过是为了加以说明而已。也就是说，爱因斯坦的论文完全是通过他自己思考出来的，和其他刊登的论文完全不同。

这是非常了不起的地方。如果现在再写同样的论文，科学杂志根本不会受理、不会刊登。即使爱因斯坦写出了相对论的论文，放到现在也不会被刊登出来吧。

现在，外行人基本不可能写出科学论文。因为为了了解之前积累的研究，就必须阅读各种论文。99%是对过去研究的理解，剩下的1%才需要用自己的贡献去填写，这才是标准的论文。

■ 科学的感动：爱因斯坦和相对论

"站在巨人的肩膀上"还是"独自一人荒野求生"

牛顿曾经说过："我之所以比别人看得远，是因为我站在了巨人的肩膀上。"

所谓巨人的肩膀是指包括伽利略等人在内的前辈们的研究成果。在以前的论文成果基础上精密地组织文脉，牛顿采用的就是这种做法。

与此相对，爱因斯坦的方法并不相同。像英国的数学家、理论物理学家罗杰·彭罗斯说的那样，"这种事情不是很有趣吗？随意开始研究，之后再查以前有没有人做过这件事"。爱因斯坦的做法正是如此。

进行很多人都在做的类似的研究和独自一人贸然闯进从来无人踏入的荒野之中，两者有所不同。爱因斯坦自然是后者。他从学生时代到晚年一直是这种类型的人，从未变过。

利奥波德·英费尔德进行了很多书中引用的计算，并说过"不如从书中引用吧，因为这样更节约时间"，但爱因斯坦一直都是自己进行计算并说道："这样引用进行得更快些。但是，我早就忘了，怎么查阅书籍怎么引用其中内容了。"

爱因斯坦连一些细节问题都全部自己思考，这也表现出了他的自立精神。

自立精神很早就在爱因斯坦的内心生根发芽。就读于苏黎世联邦工科大学时，物理教授简·伯尔纳将写着该做的实验和解决方法的纸分发给大家时，爱因斯坦则会将纸丢进碎纸箱，用跟老师指定

第3章

爱因斯坦的冒险和相对论

方法不同的方法来解决问题。生气的伯尔纳质问助手"你觉得爱因斯坦是怎么回事?他在做的事情和我要求做的事情完全不是一回事"。助手这样答道:"老师,实际上是这样没错。但是他的答案同样是正确的,而且他的方法往往更让人感兴趣。"

聆听内心的声音

即使对方是指导教授,爱因斯坦也不会完全按照对方的指示去做。

即使大多数人认为"奇怪这么做明明没错",也很少有人会违反权威者的话。因为老实听话才是"聪明的做法"。但是,这也是埋没才能的做法。

我认为无论是什么样的人都具有一定的才能。可是在迎合权威和时代需求中才能受到了压抑。最终只有极少的人能走到时代的前列。

为了发挥足以改变时代的才能,就需要不迎合权威和时代的生活方式。才能是由生活方式决定的。只有生活方式自立于一切的人才能成为真正的人才。

相比周围的意见,爱因斯坦更喜欢不停地聆听自己内心的声音。

比如,1913年玻尔发表了关于氢原子的划时代论文,接着1925年海森伯、1926年薛定谔都推动了量子力学的飞跃发展,当时几乎所有人都相信"玻尔"等人的统计学解释是正确的。但是,爱因斯

■ 科学的感动：爱因斯坦和相对论

坦坚决反对玻尔和海森伯的理论，并爆发了激烈的争论。

时代朝着玻尔和海森伯等人的方向前进着，但爱因斯坦一生都没有改变自己的意见。我再次为他毫无怨言的孤立生活方式感叹不已。

第3章

爱因斯坦的冒险和相对论

爱因斯坦和美国

科学和战争

享誉欧洲的爱因斯坦受到了很多大学和研究所的欢迎。其中，最热情、最有吸引力的邀请来自德国凯泽·威廉研究所。这是德国皇帝威廉二世为了使德国成为更强的国家而设立的基础研究场所。

强烈建议邀请爱因斯坦进研究所的是马克思·普朗克、瓦尔特·内斯特、鲁宾斯、埃米尔·沃伯格等人。其中，马克思·普朗克最为热情，并为爱因斯坦准备好了科学研究会正式会员、柏林大学教授以及即将成立的物理学研究所所长的职位。

马克思·普朗克提交给文部大臣的申请书中这样写道："拿出现代物理学中存在的几大问题中的任何一个，基本上爱因斯坦都做出了卓越的贡献。我们认为抓住这一难得的机会从而获得这种优异的才能，对我们研究会非常有利。"

当时的柏林是文化和科学的中心，对爱因斯坦的研究来说，去柏林具有非常大的意义，而且对方给出的条件也无可挑剔。但是，爱因斯坦是从高级文科中学中途退学的，并且放弃了德国国籍。因此关于返回德国，他的思想非常复杂。但是，他最终还是决定前往

■ 科学的感动：爱因斯坦和相对论

德国，于1913年成为科学研究会数学、物理学部门的正式会员，1914年移居柏林成了德国的名誉市民。妻子米列娃留在了苏黎世，1919年两人正式离婚。

爱因斯坦移居柏林不久，第一次世界大战爆发了。之后，除了从事研究之外他被迫卷入了战火之中。

关于战争，爱因斯坦这样说道："战争，首先对一方来说是希望自己一切进展顺利，而期待另一方一切变得更加糟糕。但往往其他方面也无法满足于一切变得更好，最后对所有人来说都会变成令人震惊的惨剧。"

据英费尔德所说，爱因斯坦认为战争对于暴力、恐怖、挑衅、不公正等，除了用"轻蔑"之外，没有任何合适的词汇。

战争中，科学家的态度有两种。一种是从事有利于战争的研究，另一种是从事宣传工作。

1914年，德国政府要求艺术家和科学家在宣扬军国主义的宣言书上签字，但爱因斯坦并未参加。

"和平是本能"

第一次世界大战以德国战败而结束，第二年即1919年，爱丁顿的日食照片证明了爱因斯坦广义相对论的正确性，至此爱因斯坦不仅享誉欧洲，并且开始闻名于世界。

第3章

爱因斯坦的冒险和相对论

但是，从此以后，不管爱因斯坦是否愿意，他都被卷入了犹太复国主义运动和战争的悲剧之中。

第一次世界大战失败后，身处德国的犹太人受到的差别待遇更加严重。因为失败的责任被归咎于犹太人的背叛。1919年成立的纳粹党于1933年夺得政权，开始公开迫害和驱逐犹太人。

另外，第一次世界大战中，英国公开表示全面支持巴勒斯坦地区犹太人的建国努力，犹太复国主义运动也正在加速进行。1922年，爱因斯坦表示自己是犹太复国主义运动的支持者，自此被卷入了犹太复国主义运动和驱逐犹太人两大漩涡之中。

爱因斯坦从小就讨厌"只能排着队前进"的军队及其体制。"和平主义是我内心的本能感情"，爱因斯坦就是这样厌恶战争，希望和平。于是他和印度独立之父甘地以及印度诗人、思想家泰戈尔一起在反对兵役义务的宣言上签字，他相信自己的行动和世界和平息息相关，因此毫不犹豫地付诸行动。

但是，对于德国的国家主义者来说，这种行动是令人讨厌的。甚至成立了以反对爱因斯坦"犹太式"理论为目的的组织，他们公开表示"$E=mc^2$"实际上是其他物理学家发现的。爱因斯坦陷入了"躺在床上都要为大量臭虫烦恼的状态"。

紧接着爱因斯坦的名誉市民权被夺得政权的纳粹党剥夺并被没收了财产，从科学研究会除名，甚至差一点就被处罚。幸运的是爱因斯坦并不在德国，他逃难离开了，如果他返回德国一定会被逮捕并受到刑罚，这就极为危险了。

■ 科学的感动：爱因斯坦和相对论

"只要有机会，我只想住在所有市民拥有政治自由、宽容，并在法律面前都是平等的国家"，渴望自由和平等的爱因斯坦于1933年接受了普林斯顿高等研究所的邀请移居美国。

第3章

爱因斯坦的冒险和相对论

朋友力——第十爱因斯坦力

"这真的是拯救之神"

从学生时代开始,爱因斯坦就喜欢自由和孤独。正因为如此,他才不会孤身一人。虽然不多,但他也有值得信赖的朋友和伙伴。

朋友的帮助以及和伙伴们的交流,对构筑相对论起到了重要作用。

马塞尔·格罗斯曼就是他莫逆之交中的一位。

从苏黎世联邦工科大学毕业时,爱因斯坦想留在韦伯教授的研究室做助手。但是,教授不可能实现连"教授先生"都不肯称呼的爱因斯坦的愿望。

正在这个时候,之前按月寄生活费给爱因斯坦的科赫阿姨在他大学毕业的同时也不再继续寄生活费。因此,爱因斯坦没有工作,也断绝了收入来源。

爱因斯坦的物质欲望非常低,过着极为简朴的生活,尽管如此,没有收入就不可能生活得下去。没办法,爱因斯坦只能做家庭教师和学校辅助教员来维持生活,向苦难的爱因斯坦伸出援手的正是格罗斯曼。多亏了格罗斯曼和他的父亲,爱因斯坦才能进入专利局工作。

关于当时的感激之情,爱因斯坦在格罗斯曼过世后给他未亡人的信中写道："我们毕业的时候，我突然被所有人抛弃，穷途末路、生活无依。但是，我身边还有他（格罗斯曼），多亏了他和他的父亲，我在两年后（1902年）才能到专利局哈勒的手下获得一个职位。他们真是我的拯救之神。如果没有他们，我即使不死，在精神上也会走向崩溃的。"

愉快的科学院

在"一生的朋友"格罗斯曼的竭力帮助下，爱因斯坦开始了专利局的工作。同时，爱因斯坦还开办了名为"奥林匹亚"的科学院。在这里和伙伴们的讨论对他世界观和思想的形成起到了非常大的作用。

开办科学院的契机是莫里斯·索罗文诚邀爱因斯坦成为自己的私人教师。两人谈话过程中意气相投、完全忘了私人教师这一角色，两人开始一起阅读有价值的书。

不久，康拉德·哈比希特也加入了进来。三人在晚饭后，阅读了艾伦斯特·马赫、约翰·斯图亚特·弥尔、昂利·彭加勒的作品以及柏拉图对话集之后继续展开讨论。

这个愉快的科学院好像令人感到非常快乐并意义非凡，连之后写给康拉德·哈比希特的明信片上的署名都是"科学院总裁"、"A·尾骨骑士"。

相对论是爱因斯坦一个人完成的，但愉快地和科学院的伙伴们

爱因斯坦的冒险和相对论

读书、讨论对于他创建相对论起到了帮助作用。另外，虽非学者却属于当时伯尔尼的知识分子阶层的医生、教师、技术人员们交流知识的小型研究会和科学院之间的交流发挥的作用也很重大。

同样在专利局工作的约瑟夫·索特是推荐人，曾对爱因斯坦说："把你的论文发给苏黎世如何？你要拿个学位应该是轻而易举的事情。"1905年春天，看到关于相对论论文草稿的索特用了一个月的时间，将想到的所有异议告诉了爱因斯坦，虽说令爱因斯坦感到烦恼，但这样的朋友和伙伴正是参天大树成长的土壤。

大学也好但私塾更好

如果在日本寻找像爱因斯坦所办的科学院一样的地方，幕府末期吉田松阴在山口县荻市开办的松下村塾、绪方洪庵在大阪开办的兰学塾适塾比较接近。哪一个都不是公立教育机构。聚集的人年龄、经历、身份也是各有不同，但唯一相同的就是都具有高远的志向。松下村塾中聚集了担忧长洲藩前途和日本未来的年轻人。适塾中聚集了立志通过国外最新科学知识来改变日本的有志之士。

实际上，看到这些私塾，有一点会令你震惊。这些私塾中走出了推动明治维新的高杉晋作、久坂玄瑞、伊藤博文、山县有朋，真是人才辈出。还诞生了大村益次郎、桥本左内、大鸟圭介、福泽谕吉。因此这里聚集的志同道合之士一定经常切磋琢磨。

对于爱因斯坦也是一样。在专利局工作期间，通过科学院和小型研究会同很多伙伴进行讨论，对他人格的形成也有很大作用。这是在高级文科中学和大学里无法获得的经验。因为 20-25 岁期间拥有了这样的经验，爱因斯坦的天才性才能开花结果。

我们想学习知识的时候，往往会想到大学。这也不可否认，但在让才能开花结果这一点上，私塾的力量更值得肯定。

创造一个能和值得信赖的朋友、志同道合的同伴互相讨论的场所，这才是我们更应该积极积累的经验。

第3章

爱因斯坦的冒险和相对论

公式和成功相符

爱因斯坦最后的声明

希特勒夺得政权的 1933 年,爱因斯坦离开了欧洲,为了就任普林斯顿高等研究所教授而前往美国。移居到普林斯顿的爱因斯坦主要研究三个问题。

第一个问题是创造比狭义相对论和广义相对论更完美、更易普及的理论。

第二个问题是关于量子力学的存在方法。爱因斯坦 1935 年提出了针对量子力学完全性的反论。

第三个问题是研究统一场理论。这一研究最终也没有获得成果,但他一生都没有放弃找出宇宙定律的希望。

爱因斯坦相信神创造的宇宙定律,并且不断进行探索,但是"神是狡猾的,但并没有坏心眼""神也可能会有点儿坏心眼,可谁知道呢"这些话透露出了他的心声,足见探索的艰难和严肃。

说到爱因斯坦时不可避免的就是和原子弹相关的内容。他并不适合开发原子弹。可以说开发原子弹的主角是那些为了逃离纳粹迫害而投奔美国的物理学家们。1939 年,希特勒知道了德国发现了铀

■ 科学的感动：爱因斯坦和相对论

核分裂的消息，便产生了制造原子弹的想法，意识到严重危机感的科学家们考虑向美国的罗斯福总统讲明先于德国在美国开发原子弹的必要性。这时，他们依赖的是爱因斯坦的名声。

众所周知，后来原子弹被投放到广岛和长崎，造成了多么大的悲剧。对憎恨战争、热爱和平和自由的爱因斯坦来说，没有比这更悲惨的事情了。后来，爱因斯坦开始专注于和平运动。

像这样，科学有时会无视发现者的意见而朝着想不到的方向发展。根据原子弹爆炸的危险性，1946年爱因斯坦发表了以下声明：

"世界正在面临前所未有的重大危机。可用于善也可用于恶的超大力量诞生了。核能的解放已经完全超出了我们的预料，可以说已经面目全非。我们想赤手空拳地去控制这样的悲剧。而这一问题的解决方法只存在于人的心中。"

爱因斯坦在写给罗斯福总统的信上说道，后悔在美国研究原子弹，后悔实现了这一研究。

1955年，世界著名的科学家、哲学家们发表了关于核武器的声明，要求废除核武器并避免战争。这一声明来自于伯特兰·罗素和爱因斯坦的会话，爱因斯坦在去世前7天即4月11日签上了自己的名字。

4月13日，爱因斯坦被胸痛击倒，卧床不起，最终于4月18日与世长辞。据他的遗愿，没有举行公开的葬礼仪式，没有告别仪式，没有纪念碑，甚至没有墓碑，但世界上的名人以及世界上的媒体都表达了哀悼之意。

"没有任何人像爱因斯坦这样为20世纪知识的推进和发展做出

第3章

爱因斯坦的冒险和相对论

重大贡献。"——美国总统艾森豪威尔

"爱因斯坦像牛顿和达尔文一样改变了人类关于宇宙的思考方式。"——《纽约泰晤士报》

沉默是构成成功的一部分

最后,我想再看一下爱因斯坦的"成功方程式"。

对于自己获得的各种赞赏和批判,爱因斯坦这样说道:"关于我,很多媒体记者都在传播虚假报道。如果我在意这些,恐怕早就不知死过多少次了。时间应该细细筛选,只有这样才能给自己以安慰。通过时间的筛选,大部分无用的言论将被丢进忘却的大海中任其奔流而去。"

看到爱因斯坦面对研究的姿态,以及对各种批判毫不在意的态度,我不得不感到不在意他人的事情、不在意他人的评价、只有具有这种韧劲的人才能掀起革命。

在专利局工作的时候,爱因斯坦写出了前面讲到的"成功方程式"。

A(成功)=X(辛勤劳动)+Y(正确方法)+Z(少说废话)

从"少说废话"就能看到爱因斯坦的生活方式。因为张口说话就会顾及别人的评论,就会为了别人而做点什么。爱因斯坦基本上都在孤独中工作。我再次感觉到为了发挥独立的创造性,这种生活方式非常重要。

■ 科学的感动：爱因斯坦和相对论

曾经，爱因斯坦对为躲避纳粹迫害而逃跑的科学家说过"准备做看守灯塔的工作如何"。

你可能一时难以理解。但是对爱因斯坦来说，不太忙的时候，做科学研究的看守灯塔的工作是令人羡慕的。这可能是因为爱因斯坦在孤独中工作才能让效率达到最高。

大部分人都无法忍受孤独，但若是尽可能地采用贴近这一公式的生活方式就绝对有可能成功。

TWO

下卷

从时间·空间解读相对论

第4章

相对论导出的奇境

闭上"常识"之眼时,将打开新的世界

■ 科学的感动：爱因斯坦和相对论

"相对"和"绝对"的分歧点

怀疑毫无疑问的前提

本章中，将简洁地总结一下爱因斯坦相对论的骨架构成。为什么会发生"时间延迟""空间收缩""光线弯曲"？本章将帮助大家尽快理解几个思想实验中令人难以置信的结果。

进入19世纪后半期，牛顿力学和麦克斯韦方程式，以及迈克尔逊和莫雷的实验结果之间的矛盾浮出水面。

面对这样的矛盾，爱因斯坦采取的态度和以牛顿力学为一切物理学前提的权威科学家们完全不同。他想重新思考这一前提，构筑全新的理论。

当时，牛顿力学不仅能解释地球上的运动，甚至还能说明宇宙定律，被认为是物理学的完美形式。但是，光却具有使用牛顿力学无法解释的性质，而且这一光的性质对狭义相对论起着重要的作用。

① 光速是有限的，在真空中光速达到约30万千米/秒。
丹麦的天文学家罗默于1676年第一次成功测定了光速。

② 在真空中，无论光源的运动状态如何，光速往往都达到约30

相对论导出的奇境

万千米/秒。因此被称为"光速不变原理"。因为和牛顿力学的速度合成定律相矛盾,所以不光是当时的科学家,对爱因斯坦来说也是非常难以解决的难题。

③ 光是自然界中最快的存在,世上没有能超过光速的存在

通过观测,已经明确了以上三点,并且关于光的性质,"波动说"战胜了"粒子说"。

然而,被认为是传播本质为波的光的媒介以太并没有得到确认。因为以太根本不存在,所以无论怎么重复做实验也不可能被发现,但"光的本质是波,波的传播离不开以太"这一常识就存在大问题。

不过爱因斯坦解决了这一大问题。发表有关狭义相对论论文提出的同一年也发表了论文光量子假说即关于光产生和光变换相关的发现方法,其中主张"光兼有波的性质和粒子的性质"。

爱因斯坦很早就坚信。基于这种坚信,他一直想解决横亘在牛顿力学和光之间的矛盾。这也和狭义相对论相关联。

是电车在移动还是站台在移动

狭义相对论建立在两个原理的基础上。

① 狭义相对性原理
② 光速不变原理

■ 科学的感动：爱因斯坦和相对论

爱因斯坦将伽利略的延伸了的相对性原理的狭义相对性原理作为所有物理学理论的基础。

"在相互做匀速运动的惯性系中，物理定律相同"是爱因斯坦的理论。相对于伽利略将相对性原理解释为"力学定律相同"，爱因斯坦认为包含光在内的所有物理定律中相对性原理都是成立的。

所谓匀速直线运动是指以一定速度沿着直线前进的运动。时速60公里直线前进的电车自然是在做匀速直线运动，停止不动的电车也在做时速0公里的匀速直线运动。

另外，所谓惯性系是指惯性定律有效的参考系。所谓惯性定律，是指不给物体施加任何力时物体持续做匀速直线运动、静止的物体始终保持静止状态的法则。

一个要点是"一定的速度、直线前进"。以时速60公里前进的电车加速到时速80公里、减速到时速30公里或者拐弯的时候都称为"加速运动"，和匀速直线运动完全不同。

狭义相对论只适用于匀速直线运动，包括引力在内的加速运动适用广义相对论。

另一个要点是"相对"的意思。

如伽利略指出的那样，运动是相对的。物体是停止的还是朝着某个方向运动的，并不是绝对的。比如，在运动的电车上看静止的人时，如果认为电车是静止的（静止系），则站台便是运动的。

也就是说，在运动中不存在绝对的看法和视点，只能相对地看，这就是"相对"的意思。

狭义相对论否定绝对，是因为牛顿认为在宇宙的某处存在绝对

的空间和绝对的时间。牛顿认为我们生活在以绝对时间和空间为基础测得的相对空间和相对时间中。

艾伦斯特·马赫通过经验和实验都无法确认这种绝对空间和绝对时间的存在,所以持批判态度。

爱因斯坦也全盘否定绝对空间和绝对时间,认为"所有的惯性系都是一样的"。对绝对空间和绝对时间的否定也是被称为"相对论"的原因之一。

怀疑长期视为权威的概念,重新思考时间和空间具有的意义,关系到了狭义相对论的构建。

日常世界和光速世界

随着通过观测和实验光的特性被发现,光和牛顿力学之间的矛盾也逐渐清晰化。特别是光速不变原理和牛顿力学重要内容之一的速度合成定律存在明显的矛盾。

所谓速度合成定律,假如以时速 50 公里的速度行驶的两辆汽车相遇时,互相都会觉得对方车子的时速是 100 公里。以时速 50 公里行驶的汽车在并行的、向同一方向行驶、时速是 40 公里的汽车看来,时速是 10 公里。

"以自己为基准来看对方的速度,以自己和对方的速度相加、相减来计算",这就是速度合成定律。

比如,和以光速前进的物体相遇时,互相看到的物体速度应该是"光速的两倍"。但是，观测的结果显示，光速大约是30万千米/秒，而光并不符合速度合成定律。

在20万千米/秒的火箭上看并行的30万千米/秒的光，光的速度不是10万千米/秒，而是依然保持30万千米/秒。

光速不变原理和速度合成定律之间的矛盾困扰了爱因斯坦一年多的时间，但他最终还是给出了答案且非常简洁易懂。

定义速度的基础是时间和距离的概念。当时牛顿所说的绝对空间和绝对时间就是这样。爱因斯坦想到，大概是这一概念自身错了。

速度是由时间和空间的关系来决定的，在光速是一定的前提下思考时，就需要从根本上改变之前关于时间和空间的思考方式。这是爱因斯坦狭义相对论给出的提示。

在现实世界中，牛顿力学的速度合成定律是通用的。但是，在光速的世界中，答案统一是光速 c。

爱因斯坦认为牛顿力学适用于大部分情况，但并不适用光速这一特殊场合。由此，创造了适用于包括光在内的所有情况的新型"速度合成定律"。

可以说爱因斯坦并没有全部否定牛顿力学，而是在分清牛顿力学界限的基础上创造了新的定律。

第4章

相对论导出的奇境

我的七点钟和你的七点钟不同

"列车七点到达"的真正含义

如果以光速不变原理为前提,关于时间的结论也和我们的常识有所不同。

关于狭义相对论的论文中在开始就提出了这样的问题。"以我们的判断,和时间有关系的判断往往所有的都是和同时发生的事情相关的判断。比如我说'那辆列车七点到达'时,意思是说'我时针的短针指向七时,列车到达也同时发生'。"

这是由发生的两件相近的事情所具有的同时性决定的。所谓同时性是指时针的短针指向七和列车到达是一致的。

的确,同一场所两件事情同时发生时,自然是同时。问题是在不同场所发生的两件事是否同时。

在某处发生的事情要传到另一个地方需要花费时间。非常近的地方花费的时间短,远的地方花费的时间长。

在远处发生的事情和在近处发生的事情,即使同时看到,考虑到到达的时间,两者也一定不是同时发生的。因为在近处发生的事情比远处发生的事情晚,所以仅仅是同时看到而已。

为了证明在不同地方发生的两件事是同时的,前提是要在两个地方放上完全同步的时针并保证时针的准确性。两个时针指示同一时刻时就能初步确定不同地方发生的两件事是同时的。

说到这里，还没有看到牛顿力学和狭义相对论之间的不同，那么考虑两个惯性系中同时发生的事情时就会产生不同。

牛顿力学中，时间这一概念是绝对的。如果行驶的电车中同时发生两件事，从地面看当然会认为两件事是同时发生的。这是真的吗？

惯性系不同，时间也不同

从高速行驶的电车中央同时向电车前壁和后壁发射两束光线。

因为光速不变，所以对于电车中的观测者来说，两束光线前进的距离即电车长度的一半相等，光线同时到达前壁和后壁。光线到达前壁和后壁这两件事情同时发生。

那么，对于从电车外面即从地面上看电车中发生的事情的观测者来说，光线看上去又会如何呢？

即使这样，光速也是不变的。但是，因为电车是行驶的，所以射向后壁的光线经过了少于一半的距离就到达了后壁。射向前壁的光线经过了大于一半的距离才到达前壁。对地面上的观测者来说，在电车中的观测者看来是同时发生的两件事就变成了非同时发生的事情。

完全相同的事情，位于移动的电车中还是位于静止的地面上，

时间就会发生变化。在移动的电车中这一惯性系中看到的同时发生的事情,在静止的地面这一惯性系中看,就变成了非同时发生的事情。

像这种在不同的惯性系中事情发生的时刻会不同,我们称为"同时刻的相对性"。

在牛顿时代中,两件事情是否同时发生是单纯的时针准确性问题,和处于哪一惯性系中毫无关系。但实际上,在移动的电车中还是在静止的地面上即惯性系不同,同时的概念也会不同。爱因斯坦否定了所有人认为的同时性。

顺便说一下,刚才提到的光的例子,有光速不变原理而不能应用速度合成法则才会发生这种现象。

比如,同时向前后壁投掷一直比光慢的球时,就适用速度合成法则。如果从静止的地面观察,在行进方向上投掷的球速度增加,而逆向投掷的球速度变慢,所以两个球会同时到达车壁。

缓慢时间和匆忙时间

即便如此,一个人说"光同时到达前后壁",而另一个人则说"不同时",何等奇妙。如果时间是绝对的,对任何人来说都是相同的,那么我们将无法解释这种时间偏差,把理由归咎到不是有人说谎,就是时针出错了。

然而,爱因斯坦并不这么认为。他认为时间不是绝对的,观察者的立场不同结果也会不同。

■ 科学的感动：爱因斯坦和相对论

同时刻的相对性

第4章

相对论导出的奇境

对某些人来说是同时，对另外一些人来说未必是同时，这就是时间的本质。同时刻并非绝对的，惯性系发生改变时，就可能会变成同时刻也可能非同时刻。

爱因斯坦认为绝对的时间应该是相对存在的。

对于"时针根据运动改变节奏吗"这一问题，牛顿力学的回答是"不"，而爱因斯坦的回答是"是"。

"静止时和移动时时间的运行方法不同。所以，才会发生看上去同时、非同时的情况。"

这就是爱因斯坦的答案。

从静止的地面观察和从移动的电车中观察，时间的运行方法发生了什么变化？让我们试着在使用了光时针的思想实验中加以验证吧。

将两面镜子上下放在一起，在一面镜子上安装闪光灯和能感知光的零件。打开闪光灯，让光在镜子之间往返，通过往返次数来计算时间。这就是光时针。

比如，镜子之间的距离是15万公里，往返的距离就是30万公里。因为这和光速基本相同，所以认为光往返一次为一秒。

准备两个这样的时针，一个放在地面上，另一个放在高速行驶的电车中，让地面上的人（A）和电车中的人（B）来观察时针的行进方法。

地面上的人（A）观察地面上的光时针和电车中的人（B）观察电车中的光时针时，时针的行进方法是相同的。

所有光在正上方运行、反射的光则返回正下方。地面上、行驶的电车中都是匀速直线运动，两个惯性系是同等的，只有看自己时针时行进方法才不会出现差错。

那么，地面上的人（A）对比放在地面上的光时针和电车内的光时针时会发生什么？电车上的光时针相比地面上的光时针，看上去是在缓慢行进。这就是"时间的延迟"。

如果电车向右行驶，安装在电车中的光时针下方的闪光灯发出的光，在地面上的人（A）看来是向右上方斜着行进的。另外，上方的镜子反射回来的光是向右下方行进的。也就是说，光为了到达镜子，需要比地面上的光时针行进更长的距离。

根据光速不变原理，光速通常是一定的。虽然光速不变但受到电车移动的影响光的行进方向发生变化时，就会比地面上的光时针行进更长的距离。这就会发生时间延迟。

在地面上的人（A）看来，通过光时针的光上下行进时的距离和斜着行进时的距离，使用毕达哥拉斯定理就能正确测算出电车中的时间延迟了多少。

"浦岛太郎"存在吗？

因为时间延迟，从地面上看，发生在行驶的电车中的所有事情都是缓慢进行的。

另外，时间延迟不仅发生在从地面看电车内的时候，从电车内看地面的时候也会发生同样的事情。这时因为运动是相对的，如果

相对论导出的奇境

认为电车是静止的，则地面就是移动的。

从"静止"的电车上看，发生在"移动"的地面上的事情看上去正在缓慢地进行。

考虑到极端的情况，以光速旅行的人返回地面，地面已经度过了极为漫长的时间，于是发生了"浦岛太郎现象"。

但是，时间延迟在现实中根本不是问题。因为我们平时乘坐的新干线和飞机上的时间延迟非常非常小。

当然，如果电车的速度接近光速，无论是从地面上看电车，还是从电车上看地面，时间和正在发生的事情看上去都在互相缓慢地进行着。如果从地面看以光速的 60% 行驶的电车，一秒的时间只不过是 0.8 秒。如果是以光速的 90% 行驶，一秒也不过是 0.44 秒。

如果没有爱因斯坦

牛顿力学和相对论的决定性区别在于如何捕捉时间。对于认为时间是绝对的牛顿时代的人来说，他们很难理解"移动物体的时间发生延迟""体系改变，变成同时刻或者非同时刻"等等爱因斯坦的主张。

生活在现代的我们，平时也会感觉时间是绝对的存在，对爱因斯坦说的内容难道不感到意外吗？

但是，从通过观测和实验得以证明的"光速不变原理""光速是自然界中最快的速度，却是有限的"这一事实加以考虑的话，爱因

■ 科学的感动：爱因斯坦和相对论

时间的延迟

第4章

相对论导出的奇境

斯坦出人意料的主张也是顺理成章。可是,除了爱因斯坦之外,谁也没有怀疑时间不是绝对的,谁也没有在事实的基础上加以思考。

假如光速是无限的、适用牛顿力学的速度合成定律,同时刻就是绝对的、移动的时针也不会发生延迟。但现实中光速通常是一定的,并且是有限的。和牛顿力学之间存在矛盾。这样一来,就必须重新考虑这一前提下的时间概念。

这种简单的态度引导出来的正是狭义相对论。

有人认为,当时的物理学已经出现了很多矛盾和问题,即使没有爱因斯坦狭义相对论也会诞生。然而,多数科学家都以时间和空间的概念为前提,只有艾伦斯特·马赫和爱因斯坦重新思考了"时间是什么""空间是什么"。只有爱因斯坦给出了答案。

想到这里,不得不让人怀疑除了爱因斯坦之外是否有人能创造出狭义相对论。

■ 科学的感动：爱因斯坦和相对论

开启四维的大门

长度是什么

和时间一样，爱因斯坦将怀疑的目光也投向了空间。

狭义相对论中，看到移动物体的长度缩短了。当然，即使电车行驶速度非常快，乘坐电车的人也不会有任何变化。从外面观察电车、从电车观察外面时，就意味着对方的长度看上去缩短了。这种现象被称为"洛伦兹缩短"。

为什么看上去缩短了？如果了解了"长度是什么"的相关定义，就明白了。

在我们的日常感知中，比如用尺子测量一根放好的木棒长度。木棒和测量者都处于静止状态。这时，只要尺子是正确的，木棒的长度就不会伸长或者缩短。这是理所当然的事情。

那么，如果这根木棒是移动的又会如何？

考虑两种情况。

第一，拿着木棒的测量者和木棒以相同的速度移动。这时，和两者都静止的情况一样，相当于木棒和测量者都是静止的状态，测量结果相同。

第二，只有木棒移动，测量者静止。光用尺子将无法测量，所

第4章

相对论导出的奇境

以需要借助时针的力量。首先,移动的木棒两端在一个固定的时刻(同时刻)里要和静止系中的某一点相契合。然后,再用尺子测量两点即木棒两端间的距离。

在牛顿力学中,"木棒和测量者都静止""木棒和测量者都移动""木棒移动但测量者静止"时,木棒的长度是相等的。但是,根据狭义相对论,前两者和后者的数值不同。因为和时间延迟一样,移动物体的长度会缩短。

在刚才电车的例子中考虑这样的情况:在地面上的观测者眼中,电车中的时针比地面上的时针运行缓慢。电车中的时间发生延迟是因为光速往往是固定的——光速不变原理。

我们再确认一下速度的定义。某种物体的速度是由物体移动的距离除以移动所花费的时间来决定的。

速度 = 距离 ÷ 时间

光速是通过时间和距离的关系来测定的,在光速一定的基础上,如果时间进行得慢(分母变小)时,根据延迟的比例距离(分子)就肯定会变短。像移动的物体时间会延迟一样,移动的物体长度也会比静止时缩短。

比如,以光速的 60% 移动的电车中,从地面看是过了 1 秒的时间,而电车中的时间仅过了 0.8 秒。这时,物体长度也在行进方向上缩短了 20%。

■ 科学的感动：爱因斯坦和相对论

怀疑无人怀疑之事

长度缩短是因为同时刻因坐标系而发生了变化。在同时刻测量的两端距离是物体的长度。另外，测量两端的时刻因坐标系而不同。

图注

第4章

相对论导出的奇境

这样一来，可以说长度不同是理所当然的。

物体的速度越快，缩短的比例越大。如果物体以光速的87%前进，长度就是静止时的一半。如果物体以光速移动，长度基本为零。

长度缩短就意味着物体缩短，物体存在的空间缩短了。这是对牛顿的绝对空间的否定。

爱因斯坦根据狭义相对论给我们的提示是，绝对时间和绝对空间并不存在，惯性系不同时间会变快或延迟，物体长度会延长或缩短。这就是关于时间和空间的完全崭新的思考方式。

自此，融合了三维空间和时间的"时空＝四维"这一概念诞生了。

在爱因斯坦之前，时间被认为是一成不变的。不，可能说在沉默中进行假设更正确。这是因为在爱因斯坦之前，从来没有人从根本上对时间和距离、空间这种"自明的东西"表示怀疑。

因为爱因斯坦，我们才能第一次真正地理解时间和空间的关系。

爱因斯坦对时间和空间的概念带来的革命性改变也影响到了哲学和艺术等领域。

狭义相对论不仅对物理学，还对如后面讲到的"从宇宙到音乐"等多个领域都产生了巨大的影响。

这是因为将认为理所应当的事情完全反了过来，在全新概念的基础上重新把握，并获得了成功。

到此为止的内容，都是以爱因斯坦于1905年6月发表的第一篇有关相对论论文《论动体的电动力学》中的"运动学部分"为中心展开的。

■ 科学的感动：爱因斯坦和相对论

能量令人震惊的本质

能量和质量相同

继前面讲过的"论动体的电动力学"之后，爱因斯坦于同年9月又发表了名为《物体的惯性依赖其所含有的能量吗？》的三页论文。论文虽短，却是狭义相对论的重要总结、也是6月论文的最终章节（本书最后将附上这篇论文）。

爱因斯坦在论文中主张"能量和质量是等价的。物质具有的能量等于光速的二次方乘以质量"。这一观点颠覆了1905年之前的物理学常识。

当时，牛顿力学的两个法则质量守恒定律和能量守恒定律得到确立，并走向常识化。

① 质量守恒定律

这一定律是指物质的质量通常是一定的。木头燃烧后变成灰烬变轻了，被认为质量减轻了，但事实并非如此。木头燃烧时使用的氧气质量总和完全等于燃烧后和灰烬一起产生的二氧化碳、水蒸气质量的总和。质量被保存下来了。

第4章

相对论导出的奇境

② 能量守恒定律

这一定律是指能量通常是一定的。比如，水力发电机的能量转换为电能，但即使形态改变，双方的能量值是完全相同的。

在这两个定律中，质量和能量被认为在质和量上都不相同。

但是，爱因斯坦明确表示质量和能量实际上是相同的。而且质量能够转化为能量，能量也能转化为质量，二者之间的关系可以表示为公式"$E=mc^2$"。

E 是能量，m 是质量。c 是光速。

能量等于光速的二次方乘以质量。光速（300 000 000m/s）的二次方是 90 000 000 000 000 000，非常庞大的数字。这就意味着即使物质拥有极为微小的质量，也会隐藏着巨大的能量。比如，如果1克物质的质量全部转化为能量，大约能烧开 22 吨零摄氏度的水。这一方程式一下子解决了能量问题。

按照当时的常识，很难理解能量和质量是等价的。但是，爱因斯坦预言通过镭这样的物质就能验证这一理论："物体的质量是其所含有的能量的标尺。

"同样的意思，如果能量只改变 L[erg]，质量就只改变 $L/9 \times 10^{20}$。如果有所含能量以高水平变化的（比如氯化镭这样的）物质，这个理论就有可能得到验证"。

终于有大量的科学家开始注意爱因斯坦的"$E=mc^2$"的重要性。因为只要将原子中以质量形态储存的能量取出一点点，人类就能获得巨大的能量。

123

虽说如此，以当时的技术想要获取物质中的能量并不容易。因为要想获取能量就需要向物质施加庞大的能量。理论上虽然行得通，但现实中很难实现。

而发现了铀的核分裂使这一状况发生了改变。自此，便如之前写到的开始了原子弹开发的竞争史，只能说是历史的不幸。

即使如此，"$E=mc^2$"这一世界上著名的方程式在很大程度上开创了现代物理学、宇宙论、科学技术的历史，这是不争的事实。

狭义相对论的两个缺点

通过狭义相对论完成第一次革命的爱因斯坦向堪称第二次革命的广义相对论进发了。

狭义相对论中的"狭义"是指仅适用于匀速直线运动，在加速运动的坐标系中不适用。也就是说，这一理论是有限的理论。

在实际的生活中，相比匀速直线运动，加速运动更多。汽车和人都很少会以一定的速度一直走直线，往往会加速、减速、走走停停，方向也会频繁变化。

狭义相对论完全改变了时间和空间的概念，但想要构建不仅适用于匀速直线运动也适用于加速运动的理论是自然而然的欲求。

更为严峻的是狭义相对论无法解决引力问题。

牛顿的万有引力定律即两种物体之间，质量的乘积和物体引力成正比，距离的平方和物体的引力成反比，力量的传导结构和时间

第4章
相对论导出的奇境

没有任何偏离。

因此,牛顿力学认为引力会在瞬间超越空间、传导时间为零。

传导时间为零是指引力的速度无限大。这和狭义相对论的基本原理"光速是自然界中最快的速度"相违背,同时也和"光速有限"相违背。

所以,爱因斯坦的目标是建立适用于电磁力和引力也适用于加速运动的理论。在收获广义相对论这一果实之前,竟然花费了十年的岁月。

弯曲的空间

广义相对论的数学基础是黎曼几何学。德国数学家波恩哈德·黎曼创立的黎曼几何学需要大量纸张加以说明。所以,解释关于广义相对论的黎曼几何学时,只列举了核心理论的要点。

广义相对论的基础是广义相对性原理和等价原理。

广义相对性原理不仅仅适用于匀速直线运动,也适用于加速运动,是和所有物理法则相同的原理。

等价原理是前文讲到的"掉落的电梯"思想实验中导出的"引力和加速度具有相等的价值"原理。通过牛顿力学被严格分开的"引力质量"和"惯性质量"并非不同的概念,两者在根本上是相同的,这一理论具有划时代性。

在此基础上,爱因斯坦说明了"物质令空间弯曲"。这是怎么回事？

假设在掉落电梯的两边开出小孔。如果从一边的孔中射入水平的光线，因为掉落的电梯引力和加速度相抵消处于无引力状态，所以光会直射并从另一边的孔中射出。电梯中的观测者看到的正是这样的现象。

那么，站立在引力场地面的人又会看到什么？事实上光依然会从一边的孔射入，并从另一边的孔中射出。但是，在地面的观测者看来，电梯中的光在射入和射出间发生了轻微的下降。所以，光不是直射前进，而是向下弯曲后再射出。

地面观测者看到，引力场中光线发生弯曲。

也就是说，物质存在，其质量（能量）会令周围的空间弯曲。这一弯曲是引力的本质，这就是广义相对论的观点。同时，爱因斯坦还得出了因为引力场而发生时间延迟的结论。

牛顿已经以万有引力定律确定了引力的作用，但并没有说明为什么引力会对物质产生作用。爱因斯坦用广义相对论对其进行了说明。

吃惊的目光才能看得更清楚

尽管如此，物质存在时空就会弯曲仍然是难以理解的现象。

所以，爱因斯坦提议天文学家们"不能确认一下引力场对光传播的影响吗"。实际上，1919年英国的观测队通过对日全食的观测

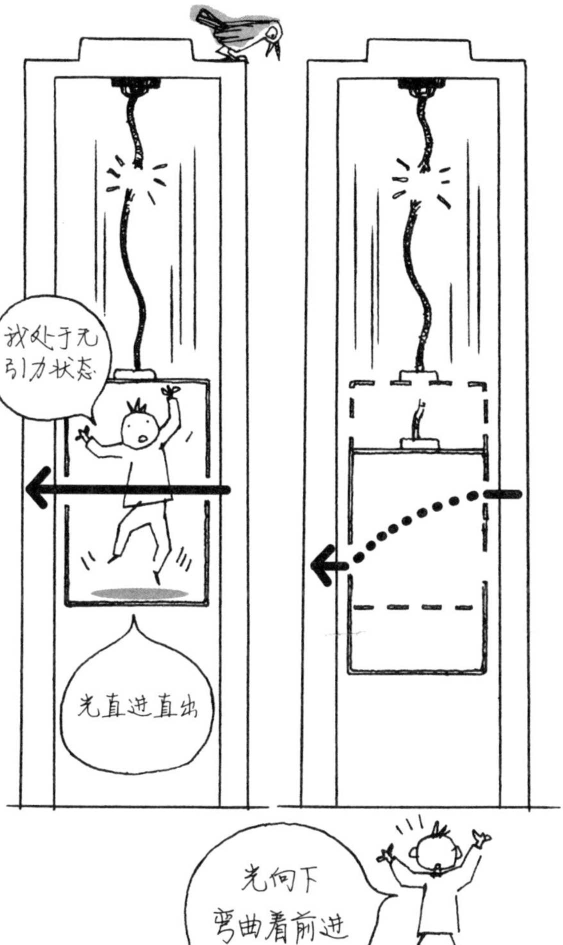

相对论导出的奇境

引力造成光线弯曲

■ 科学的感动：爱因斯坦和相对论

已经确认了太阳周边的光线会发生弯曲，爱因斯坦也因此一跃成为世界知名人士。

就这样，时空的概念发生了重大变化，宇宙论等也受到了重大影响。

"被谆谆教导只能令我们失去对事物的怀疑能力。"这是选自英费尔德所著《爱因斯坦的世界》中的语句。爱因斯坦发现、发明的并非不存于世的事物。他只是将怀疑的目光投向了一直被认为是理所当然的时间和空间上，创立了相对论这一划时代的理论。

对于其他人压根不加理睬的、单纯以为了解非常透彻的事物爱因斯坦也投以了吃惊的目光，并认真地观察思考，正因为他的这一热情相对论才得以诞生。多亏了这一理论，我们才能得到对时间和空间完全崭新的看法。

对相对论的理解也非常重要，但如果能同时理解"相对论的革命性体现在哪里""为什么只有爱因斯坦能掀起革命"，就能从更宽阔的角度来理解相对论、物理学以及世界。

第5章

作为认识论的相对论

"相对论式的思考"和想法一定会推广开来

■ 科学的感动：爱因斯坦和相对论

为什么"从宇宙到音乐"都被相对论改变了

成为哲学的物理学

相对论从根本上改变了牛顿物理学。另外，结合爱因斯坦的生活方式，相对论不仅对物理学甚至对世界都产生了广泛的影响。从量子力学到宇宙开发，从相对论派生出来的科学理论和科学领域数不胜数。

但是，相对论和爱因斯坦改变的不仅仅是这些。更大的影响在于哲学和政治、美术和音乐这些文科系领域也因为相对论发生了重大改变。

为什么原本是物理学理论的相对论能够促使"从宇宙到音乐"的改变呢？这是因为相对论完全改变了人们对事物的看法。

与我们的世界观和思考紧密相连的存在论和认识论问题以及认识论和现实性问题也顺势发生了改变。爱因斯坦始终都在解决现实性问题，我们按照顺序来看一下吧。

存在论是研究存在的事物包含什么意义的问题。这一学问意在明确事物存在的根据和样态。

认识论是从根本上考察人类如何认识事物。这一学问意在规定认识的本质、方法、界限。

研究现实性问题的是现实主义。以从人类主观意识中独立出来的客观存在为考察对象和基准。与此相对的是以人类主观为基准的观念论。

科学原本就是哲学领域的一个分支。所以,伽利略和牛顿不是自然科学家而是自然哲学家。自古以来,哲学(科学)中,存在论和认识论就受到了极大的关注。

神看到的世界和人认识的世界

牛顿的理论也可以说是存在论的一种。他主张的是完全如神的眼睛看到的那样"宇宙中存在'绝对时间''绝对空间'"。时间、空间和人怎么观测毫无关系,他认为这是存在论决定的。

不仅是牛顿,当时的任何人都相信这一理论。

所以万有引力定律构建的前提也是绝对时间在任何惯性系中绝对不会发生变化。

对此,爱因斯坦提出的理论是认识论的一种。他确定不存在绝对时间和绝对空间。结果是由人类认识世界、记录世界得来的,所以存在论和认识论密不可分。

所以,狭义相对论构建的前提是从某一惯性系来看同时发生的

■ 科学的感动：爱因斯坦和相对论

事情在另一惯性系来看就是非同时发生的事情。是否同时不是由存在论决定的。我们需要将认识、观测同时引入到理论之中。

也就是说，爱因斯坦否定了无论哪个惯性系中都绝对不会变化的绝对时间，表示观测的惯性系不同，事情发生的时间也会不同。

从狭义相对论中自然会得出空间收缩、时间延迟的结论。

空间收缩是指从某一惯性系观测另一惯性系时，两点间的距离看上去缩短的现象。比如，"以接近光速的速度飞行的火箭变短了"。

时间延迟是指运动速度越快，这一惯性系中的时间流速越慢的现象。如果以接近光速的速度运动，时间几近停止，就会出现"浦岛太郎现象"。

顺便说一下，比如关于空间收缩，荷兰的物理学家亨德里克·洛伦兹率先提出了洛伦兹变换这一数学式。爱因斯坦的理论并非全部以前辈们的理论为基础。但是，只有爱因斯坦表示这一数学式的诞生是因为认识论和存在论的媒介。这也正是这一理论的卓越之处。

马赫看到的光景

对爱因斯坦的思考方式造成重大影响的是奥地利哲学家、物理学家艾伦斯特·马赫。

右图是马赫关于人类如何认识世界所描绘的著名绘画。画中是

第5章

作为认识论的相对论

只用左眼看房间……

■ 科学的感动：爱因斯坦和相对论

马赫躺在长椅上，闭上右眼，只用左眼观察房间时的光景。

画的右侧是马赫的鼻子，鼻子上方伸出来的是眼孔。鼻子下面伸出来的是胡子。前方是握着铅笔的马赫右手，还有躺着的身体，而前面描绘的是房间的样子。

一般人不会采用这种绘画方法。往往只会描绘房间的样子吧？画中加入了马赫，也是"马赫在房间中"的画法。

然而，这不过是对实际上看到的光景进行选择取舍并加以整理后的概念画而已。实际上，闭上一只眼睛看房间，就会看到马赫所绘制的画中的光景。

这是基于直接经验的"主观光景"，即马赫的光景。

马赫主张概念出自经验、概念只有通过经验才能正当化。他认为，根据经验（实验、观测）不能加以确认的事物就不能成为科学的基础。

像任何理所当然的想法一样，马赫的这一观点大大地改变了世人的看法。

这是因为，这个观点关系到了当时所有人都相信的绝对空间和绝对时间、以太的存在。经过经验和观测无法确认这些概念的存在，所以以这些概念为基础的科学不成立。

马赫断定牛顿的理论前提绝对时间和绝对空间是"经验中绝对不可能出现的、单纯的空想产物"，主张"科学的基础存在于直接经验中"。虽然这一主张在世界上掀起了无数涟漪，但科学家中清楚地认识到这一重要性的只有爱因斯坦一人。

另外，在哲学的世界中，当时的奥匈帝国哲学家胡塞尔认为只有马赫描绘的主观光景才是根本的事物，并由此构建了现象学。

第5章

作为认识论的相对论

同时身为数学家的胡塞尔还认为,必须把思想界蔓延的派生客观性带回马赫描绘的主观光景中。并且构建了研究对象的新型研究方法现象学。德国哲学家黑格尔依据"精神现象学"捕捉绝对精神,但胡塞尔几乎就要接触到客观存在的事物了。

发端于马赫的胡塞尔现象学给很多哲学家也带来了重大影响,并被传承下去。比如,因《存在和时间》而被人熟知的德国的海德格尔、主张实存主义的法国的萨特、深入现象学的法国的梅洛·庞蒂、代表了后结构主义的杰克·德里达,等等。通过他们,现象学的影响扩展到了文学理论、政治理论、法学和建筑哲学领域。

薛定谔的猫

相继产生的量子力学无疑将观测推到了前面。

有一个著名的思想实验——"薛定谔的猫"。在箱子中放一只猫,盖上盖子。箱中装有产生氰化物气体的装置。放射性物质镭释放出阿尔法粒子时,就会触动电子开关而释放出氰化物气体。释放出阿尔法粒子时,猫就会死亡。虽然很残酷,但要做思想实验,还请大家体谅。

将箱子放置一段时间后,进行观测。释放阿尔法粒子的概率是50%,观测之前猫活着的概率就是50%,死亡的概率也是50%。这样一来,实验者观测之前,猫会处于活着和死亡状态的一对一"叠加"状态。

■ 科学的感动：爱因斯坦和相对论

薛定谔的猫

活着的猫和死了的猫同时存在吗？

第5章
作为认识论的相对论

现实中,活着的状态和死亡的状态不能同时存在。但是,可以解释为观测之前两种状态"相叠加"。

之所以产生这种问题是因为在量子力学中存在粒子不能同时存在粒子性质和波性质这一矛盾状态。实际上处于哪种状态只有在观测的时候才能得知。

就"薛定谔的猫"来说,猫是死是活只能通过观测才能得知。

这被称为"哥本哈根诠释",是认识论的一种扩展。

可以说,20世纪物理学上的两大革命——量子力学和相对论,都和爱因斯坦将认识论推向人前有紧密联系。

■ 科学的感动：爱因斯坦和相对论

用相对论解开内心

"你看不见月亮的时候月亮就不在那里了吗"

量子力学通过将观测推向正面而掀起了革命。但另一方面，过于执行哥本哈根诠释就会陷入"观测决定世界"的主观主义危机。

对此，爱因斯坦关于现实性持有强烈的直观信念。

他虽然重视认识论，但并不认为世界的真理仅仅只有主观认识到的这么多。确切地说，他相信"世界正是如此"的明快化的宇宙定律。自从5岁时看到指南针一直指向同一个方向而对宇宙的神秘感兴趣以来，他一直相信这一点。

因为这个不同，爱因斯坦和量子力学的标准学派展开了激烈争论，甚至断绝往来。

对哥本哈根诠释刨根问底，就会发现这样的问题，比如我们看到月亮之前月亮是不存在的。或者即使森林中的树倒了，如果没人看到，树就没有倒。这两个例子是一样的。

爱因斯坦一直反对量子力学中这样的极端思考方式。爱因斯坦对丹麦物理学家、量子力学主导者尼尔斯·玻尔说过这样的话，非常有名："你看不见月亮的时候月亮就不在那里了吗？"

爱因斯坦认为即使没人看到，月亮依然在那里。在重视认识论

第5章

作为认识论的相对论

的同时，也具有相应的现实感。人类存在也好不存在也好，世界依然存在，人类诞生之前，宇宙已经存在很长时间了。

爱因斯坦的认识论不是单纯的主观看法，"和实在论、存在论的现实性问题紧密相连"。

现在科学中概率论的世界观成了主流，但是一边倒地认可概率论真的好吗？爱因斯坦说出了"上帝不掷骰子"以反对量子力学的"能计算的只有概率"这一思考方式，我们可以从爱因斯坦的话中感受他对现实感的强烈信念。

量子力学中，用"薛定谔波函数"这一公式来表达粒子运动。但是粒子虽然兼具粒子性和波动性，但并非波动本身。那么，波函数表示什么呢？玻尔等哥本哈根学派的人解释为"薛定谔波函数表示的是粒子存在的概率分布"。

这称为概率诠释。也就是说，波函数不过是观测者抓到的统计量，并非表示物质本身。量子力学是和之前的决定论物理学完全不同的统计学。

相对论和立体主义

爱因斯坦并没有加入概率论的世界观，而是强烈地相信且塑造宇宙的定律。并且一直想用极为简短的数学式来表达复杂且难以理解的宇宙定律。

■ 科学的感动：爱因斯坦和相对论

　　简洁而美好的数学式。爱因斯坦具有这种美的意识。他对数学秩序有很深的依赖感，秩序一定是美好的。

　　上述数学家、理论物理学家罗杰·彭罗斯等也是相信数学结构美的人。彭罗斯提倡量子力学参与大脑信息处理，据说他感觉量子力学的概率论数学并不美。量子力学通过预见事物变化来起作用。虽然这一意义重大，但爱因斯坦和彭罗斯以更美的感觉来追求数学式的美。

　　科学的历史上还存在着"追求实用的、有用的技术"和"追求美而简单的真理"这两种不同流派的争斗。爱因斯坦更倾向于后者，在这样的美意识背景下，他的认识论思考方式和相对论的影响更加广泛了。

　　比如，相对论对美术的影响，巴勃罗·毕加索的立体主义就是受影响的典型例子。

　　以往的绘画中，画家的视点往往集中于一处。自文艺复兴之后一点透视非常盛行,但立体主义否定了它。从各种视点描绘绘画对象，并使其相对并列，就像否定牛顿的绝对空间、从各种惯性系中观察世界的相对论一样的手法。立体主义的影响从绘画扩展到摄影、雕刻、建筑，催生了多种潮流。

　　代表了超现实主义的画家之一萨尔瓦多·达利在《永恒的记忆》（也叫《柔软的时钟》）中描绘了著名的熔化的时钟，可以说这种描绘明显是相对论在绘画中的应用。

　　在音乐领域，代表了出身于奥地利的作曲家阿诺尔德·勋伯格的无调音乐等，追求表现自由、陆续展开了各种运动，但这些都是

受到了爱因斯坦相对世界观的影响。

时间旅行的可能性

在宇宙论上,相对论自然也掀起了一场革命。现在已经成为常识的大爆炸宇宙论和黑洞也是从相对论中引导出来的新概念。

大爆炸宇宙论彻底颠覆了宇宙观。

从牛顿时代开始到爱因斯坦登场,宇宙一直被认为自古以来就是永恒存在的、无限的、安静的空间。与此相对,相对论认为宇宙也有开始、是一个膨胀的空间。大爆炸宇宙论认为,宇宙开始于137亿年前,处于超高温、超高密度的状态。大爆炸后开始膨胀,到现在依然在继续膨胀。

关于大爆炸之前的状态,并没有特别合适的模型。另外,膨胀到最后的宇宙将会如何众说纷纭,并没有一定的结论。但是,"寂静的宇宙"成为"膨胀的宇宙",仅如此就可以说明我们对宇宙怎么看这一认识形式已经从根本上发生了变化。

黑洞令宇宙的浪漫感倍增。

根据相对论的预测,体积是太阳几倍的大星球在死亡瞬间发生爆炸变成超新星,之后收缩成为黑洞。黑洞以其巨大的引力能吞没任何物质。连光都无处可逃,黑洞日趋变大。

然而,英国物理学家史蒂芬·霍金认为,从某一时点开始物质将逃离黑洞,黑洞最终会蒸发掉。

■ 科学的感动：爱因斯坦和相对论

相对于吞没一切的黑洞，根据相对论又导出了释放物质的白洞。也有的学说认为黑洞和白洞通过单向通行的虫洞相连。

虫洞是指从时间和空间的一点直行到另一点的通行隧道。从黑洞进、从白洞出，可实现的四维空间传输是依据科幻而熟知的四维空间传输航法原理。

空间和时间不是绝对存在的而是相对存在的，从这一相对论中联想到了时空隧道等。

这样想来，如果没有爱因斯坦，就没有科幻小说和科幻电影。大受欢迎的美国科幻电影《回到未来》（1985年）中登场的埃米特·布朗博士很明显是从爱因斯坦想象中出来的人物。博士爱犬的名字也是原原本本地使用了"爱因斯坦"。

意识的时间是怎么形成的

爱因斯坦从马赫原理出发掀起了相对论的物理学革命。我认为，认识中的马赫原理可以用来解释现今科学中最大的谜团"意识"。并且有可能在心和脑的问题上掀起大革命。

马赫原理的表达如下："某种物体的质量是由和物体周边所有物体的关系来决定的。在没有任何其他物体的空间中，某种物质的质量没有任何意义。"

从此可以导出以下想法："在认识中，某种神经元放电起到的作用是由和这一神经元相同的心里瞬间放电的所有神经元放电之间的关系并且仅仅由此来决定的。单独存在的神经元放电没有任何意义。"

第5章

作为认识论的相对论

我们的意识时间是怎么形成的,我们需要和大脑中流动的物理时间对应起来考虑。

我一直在考虑这样的假设,因为和爱因斯坦相对论的同时性相似,所以大脑中才会出现意识时间。

在心里"时间崩溃"

令我们心中产生可感受特质(伴随着 Qualia 感的鲜明的质感)的神经元放电群是怎么生成的?神经元动作膜电位促使突触(神经元的连接处)上释放出神经传导物质,再次推动突触后侧的神经元动作膜电位,再传导到下一个神经元动作膜电位……就这样,不断发生突触相互作用的结果就生成了神经元放电群。

动作膜电位沿着从神经元细胞体伸出来的长长的像电缆一样的轴突传导、突触释放出来的神经传导物质传导到突触后侧的神经元的过程,就是有限的物理时间的过程。

像这样,如果没有有限的物理时间就不会形成产生可感受特质的神经元放电群。尽管如此,在群的基础上伴随而生的可感受特质在我们心中感受到的也只是瞬间。

比如,视野中感受到红色可感受特质时,我们感受到的就是某种心理的瞬间。并不会随着物理时间经过的同时"慢慢地"感受。

促使产生红色可感受特质的神经元放电群的形成虽然经过了一定的时间,但我们只是在心理时间中的瞬间感受到了这一红色可感受特质。

神经元的放电通过突触从一个神经元到下一个神经元的过程中虽然经过了有限的物理时间，但在心理时间上就变成了一瞬间。时间就像这样"崩溃"了。心理时间应该在物理时间的基础上伴随而生。

这时的规则就是"相互作用同时性原理"。

这一规则是"在某一系统中，相互作用在传导间虽然经过了物理时间，但却当成没有经过这一时间"，这也是马赫原理中得出的自然的结论。

基于这种规则构成的时间被称为这一系统的"固有时"。

固有时是数学家闵可夫斯基将爱因斯坦1905年发表的狭义相对论归结为严格的数学形式——闵可夫斯基空间时诞生的概念。

在相对论中，认为相互作用以光或者一般以零质量、光速传导的粒子为媒介。所以，相互作用同时性表现为"光的传播不经过固有时"这样的形式。

我坚持这样的假说，相当于相对论"固有时"的不正是"意识的时间"吗？

追求大脑的第一原理

作为对相对论的发展的补充，罗杰·彭罗斯想到了"扭量理论"这一数学概念。我认为这一扭量理论也和意识形成具有深刻的关系。特别是在神经细胞的活动中，为了形成可感受特质就必须在空间上

第5章

作为认识论的相对论

时间上加以压缩,但这一压缩过程被认为和扭量有关。

无论是在"意识的时间"中,还是在扭量和意识的关系中,虽然一直在思考却从来没得到验证。这时因为在大脑的研究中,被称为"第一原理"的最基本的原理尚未得到验证。但是,我强烈地相信随着相对论的发展研究也将继续推进直到验证成功。

所谓扭量理论是指将量子论和相对论放在一个框架内加以研究的理论。当初虽然进行了数学上的尝试,但在现代,其和物理学、脑科学的关联也受人瞩目。

另外,彭罗斯因提倡上述的"领子里学"和大脑信息处理相关的"彭罗斯量子脑理论"而闻名于世。这种假说是指"波函数通过位于脑内神经细胞上的微管收缩就会产生意识"。

并且我认为在脑科学领域也会成立像相对论中"$E=mc^2$"一样的数学公式。

代替能量 E,加入可感受特质 Q。我非常想知道"Q="后面是什么,就像之前一直被认为是不同物质的质量和能量是等价的一样。

我们往往认为人类的身体和大脑是特别的存在,但同时也是物质的存在,在遵循自然法则的意义上,空气和土、草和鸟也是相同的。宇宙万物并没什么不同。

而且,心也是自然现象的一部分,完全可以称为自然法则的记录对象。

这样一来,和爱因斯坦用简洁的语言和数学式描绘出宇宙法则一样,难道不能用简洁的语言和数学式描绘出脑和心吗?

就像爱因斯坦的相对论大大改变了我们对宇宙的认识方法一样,

■ 科学的感动：爱因斯坦和相对论

如果出现关于心和脑的相对论，对于心和脑的认识也将发生重大变化。

爱因斯坦的理论赋予我们的感动在于这一认识论和存在论相交之处。解开心和脑的关系这一人类的第一大谜团的钥匙在于像爱因斯坦曾经做过的那样，重新思考我们认为极为理所当然的认识前提。

爱因斯坦从重新思考"同时"是怎么回事中掀起了相对论的革命。为了解开心和脑的谜团需要的是"怀疑常识"，结果又会怎样？这一头绪大概就存在于日常意识中极为亲密习惯的性质里吧。

后记

爱因斯坦的故事还将继续

现在回顾一下我从小就无比喜爱的爱因斯坦创造的理论以及他的人生，仿佛感到了重生一般的清新气息。

所谓人生，就是邂逅。

人不仅仅与人邂逅。还会邂逅各种思想和知识、感觉。如果还有人没有邂逅爱因斯坦难能可贵的理论以及他这样的人，那真是太可惜了。

可能所有人都了解爱因斯坦的发型和风格。但是，能理解他理论的人又有多少呢？花费后半生的时光研究"统一场理论"的执着、对成为现今物理学标准的"量子力学"的完全怀疑以及对扰乱和平者们的厌恶，个性的且无比深刻的爱因斯坦思想，又有多少人了解呢？

对我来说，可以说爱因斯坦本人以及他的思想是我的一部分。从小就反复地亲近其著作和论文，这些早已化为我的血肉。现在，重新整理一本关于爱因斯坦的图书，我再次从伟人身上获得了巨大的力量，在感受新鲜震惊的同时，也涌现出了深刻的感谢之意。

假如世间陷入某种常识的束缚中，我们也不能盲从。无论对谁，都和社会地位以及权力无关，应平等相待。人生中什么是重要的，

■ 科学的感动：爱因斯坦和相对论

我们必须看清其本质。相比其他，我们要勇于选择最困难的道路，在能看到的真理之光的引导下前进。

爱因斯坦的这种姿态，在我有生之年，给了我莫大的支持。

重要的是，从爱因斯坦的生活方式中获得灵感不仅仅影响到和科学相关的人。无论你从事什么工作，无论你过着怎样的生活，贯穿了爱因斯坦真理的生活、理论和思想一定会成为你巨大的能量。

阅读本书的人中可能很少有人立志成为科学家。但通过接触一种理想型，人往往会更加强大、深刻。即使从事着和科学毫无关系的工作，过着和科学毫无关系的生活，通过接触爱因斯坦的理论，你也将获得有意义的灵感。

近来虽然在宣传脱离科学，但日本实际上已经是科学大国了。科学及其相关的技术正在支持着居住在资源匮乏的国土上的我们。自然科学领域的诺贝尔奖获得者中也出现了很多非欧洲各国的人士。

我们应该做好心理准备，我们日本人已经拥有了科学的种子，我们需要将其养育长大。

脱离科学、脱离理科不正是因为将科学当成了单独的知识体系吗？接触科学精神我们将受益颇深。这时，我们就必须重新审视一遍科学究竟是什么。

所谓科学，是对事物的看法、思考方式，是以证据为基础对自己和自然加以评价的态度。科学是理论行为的同时，也依存于感性上的顺利进展。

科学也是勇气、是自由。科学是对秩序的反抗，尽管如此，却也同宇宙秩序紧密相连。

后记

科学是摇滚乐,也是古典音乐。科学是人类世界的远大志向,也是人类最讨厌的行为。

科学是世界共通的语言,是使用"现在、这里"自己身体的计划。

人类的梦想、努力以及挫折,都融入了科学这一丰富的大河流。为了找回我们生命中的科学感动,难道你不想学习阿尔伯特·爱因斯坦的相对论吗?

策划本书的是PHP研究所的横田纪彦先生。听到他问我"茂木先生很喜欢爱因斯坦吧",我仿佛听到了自己常年的恋人一样。我认为以这样的形式写一本关于爱因斯坦的书意义非凡。多亏横田先生,我也能再次确认自己人生的原点。

本书中关于爱因斯坦的内容由我口述、由桑原晃弥和吉田宏执笔,我加以删减、添加、修正而完成的。我深深沉浸于对尊敬的伟大科学家的描述中,东一句西一句地不得要领,真心感谢桑原和吉田的认真整理总结。

我和整个公司都相信,爱因斯坦的故事才刚刚开始,必将继续流传。

2009年8月
东京

茂木健一郎

特别附录

阅读第 2 论文

为了理解最有名的公式 "$E=mc^2$"

阅读第 2 论文

　　发表了关于狭义相对论的第一篇论文《论动体的电动力学》三个月后,爱因斯坦又发表了仅 3 页的论文。里面初次提到了 $E=mc^2$ 这一公式,之后这一公式远远超出了爱因斯坦的预想,在世界上引起巨变。但是,这一证明却简单得令人吃惊。

　　科学中的理论价值正在于无论多么简单的设定最终都会获得出人意料的结果。爱因斯坦 1905 年发表的这一短篇论文从极简洁的理论中引导出能够改变世界的结论,具有划时代意义。

　　爱因斯坦可能已经注意到这一理论具有各种潜在的可能性。尽管如此,结论却非常简单,"如果有所含能量以高水平变化的物质比如氯化镭这样的,这个理论就有可能得到验证。如果这一理论真的被实现了,放射就变成了释放物体和吸收物体之间交换惯性"。这里以数学形式表达真理的本质是爱因斯坦美学的体现。

　　以下是第 2 论文的全部译文。可能会有人无法理解其内容,但尝试着按照顺序看一下吧。

物体的惯性依赖于其所含能量吗?

A.Einstein

《德国物理学年报》第 18 卷 pp.639-641(1905 年)

之前发表在杂志上的电动力学论文引出一个有趣的结论,在这里对它进行讨论。

注:《德国物理学年报》第 17 卷 pp.891

(这里说的是关于狭义相对论的第一篇论文《动体的电动力学》。)

这里的基础是对真空中的麦克斯韦－赫兹公式的研究以及对空间电磁能量的麦克斯韦表达式,再加上下面的原理:

("真空中的麦克斯韦－赫兹公式"可以在第一篇论文的第 6 页加以确认。)

两个坐标系相互做相对同样的并列运动时,物理系的状态变化遵循的额定律和物理系统的状态变化没有任何关系。(相对性原理)

(爱因斯坦以两个原理为基础创造了狭义相对论。这里讲到的是其中之一的相对性原理。)

在这些原理的基础上,尤其能引导出下面的结果。(上述论文的第 8 页)

注:光速不变原理包括在麦克斯韦公式中。

(爱因斯坦的两个原理中,另一个是光速不变原理。)

阅读第2论文

在一个坐标系(x,y,z)中,平面光波组成的系统拥有能量l。另外光线的方向(波法线)与坐标系的x轴的夹角为φ。如果我们建立一个新的坐标系(ξ,η,ζ)相对于(x,y,z)系作匀速平移运动,而且它的坐标原点沿着x轴以速度v运动,那么在(ξ,η,ζ)系中测量到的光拥有的能量为

$$l^* = l \frac{1-(v/c)\cos\phi}{\sqrt{1-v^2/c^2}} \qquad (1)$$

这里c表示光速。下面我们会用到这一结果。

(1)式可在第一篇论文《动体的电动力学》中加以确认。爱因斯坦从这一公式中引导出某一结论。也就是说,从这里开始正文。

这篇论文中光速用V表示,但改成了现在习惯使用的c。

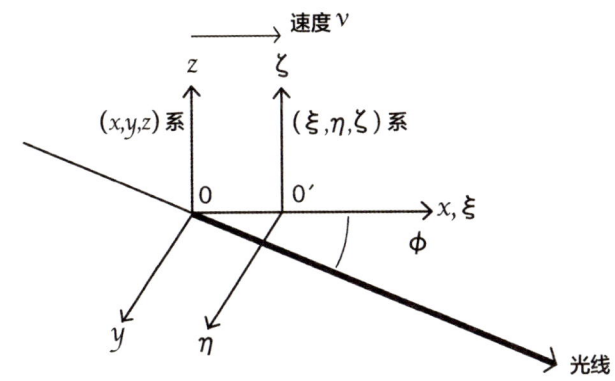

■ 科学的感动：爱因斯坦和相对论

设在 (x, y, z) 系中有一个固定的物体，并设它的能量——对于 (x, y, z) 系为 E_0。另外，设该物体的相对于上述的以速度 v 运动的 (ξ, η, ζ) 系，为 H_0。

向物体在对于 x 轴夹角 ϕ 的方向上，发出相对于 (x, y, z) 系测量到的能量为 L/2 的光波面，同时在相反的方向发送相等的光能量。在此期间物体对于 (x, y, z) 系保持静止。这个过程必须遵守能量原理，而且实际上（根据相对性原理）对于两个坐标系都是如此。如果我们将辐射光之后分别相对于 (x, y, z) 系或 (ξ, η, ζ) 系的能量分别称为 E_1 或 H_1，那么应用上面给出的等式我们得到以下结果。

第二个公式是代入了第 1 公式后得到的结果。

通过相减，我们能从这些等式中得到以下关系。

$$E_0 = E_1 + \frac{1}{2}L + \frac{1}{2}L$$

$$H_0 = H_1 + \frac{1}{2}L\frac{1-\cos\phi \cdot v/c}{\sqrt{1-v^2/c^2}} + \frac{1}{2}L\frac{1+\cos\phi \cdot v/c}{\sqrt{1-v^2/c^2}}$$

$$= H_1 + \frac{L}{\sqrt{1-v^2/c^2}}$$

阅读第2论文

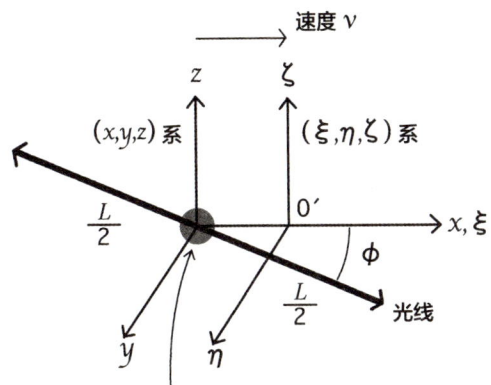

物体对于(x,y,z)系保持静止

$$H_0 - E_0 - (H_1 - E_1) = L\left\{\frac{1}{\sqrt{1-v^2/c^2}} - 1\right\} \quad (2)$$

在这个表达式中出现的两个 H-E 形式的差有很简单的物理含义。H 和 E 是同一个物体相对于两个坐标系的能量值。它们有相对运动，物体在这两个坐标系中的一个［(x,y,z)系］是静止的。所以，这样就很清楚差 H-E 与相对于另一个（ξ, η, ζ）系的物体的动能 K 只相差一个附加的常数 C，它取决于能量 H 和 E 的任意选择的附加常数。所以，我们可以写成：

$$\begin{aligned}H_0 - E_0 &= K_0 + C \\ H_1 - E_1 &= K_1 + C\end{aligned} \quad (3)$$

［在释放出从坐标系（ξ, η, ζ）看到的光之前的物体能量 H_0 和

在释放出从坐标系 (x, y, z) 看到的光之前的物体能量 E_0 的差除以附加常数 C，就等于从坐标系 (ξ, η, ζ) 看到的物体欲动能量 K_0。因为从坐标系 (x, y, z) 来看，这一物体是静止的。

$H_1 - E_1$ 和 K_1 的关系也是如此。]

因为 C 在发射光的过程中没有变化。所以得到以下关系。

$$K_0 - K_1 = L \left\{ \frac{1}{\sqrt{1-v^2/c^2}} - 1 \right\} \tag{4}$$

从坐标系 (ξ, η, ζ) 来看，物体动能的减少是因为光的辐射，减少的量依赖于物体的性质。此外，K_0-K_1 的差和电子的能量一样依赖于速度。

[（4）式是在（2）式左边代入（3）的两个公式得来的。K0 发射从坐标系 (ξ, η, ζ) 看到的光之前的物体运动能量，K1 是发射从坐标系 (ξ, η, ζ) 看到的光之后的物体运动恩那个量。因为世上不存在超越光速的物体，所以 通常小于1。因此，K1 小于 K0，这一公式表示物体的运动能量通过发射光而减少的量。]

如果忽略四阶以上的级数我们可以写下：

$$K_0 - K_1 = \frac{1}{2} \frac{L}{c^2} v^2 \tag{5}$$

[如果展开 $\frac{1}{\sqrt{1-v^2/c^2}}$ 的级数，因为

阅读第2论文

$$\frac{1}{\sqrt{1-v^2/c^2}} = \frac{1}{\sqrt{1-v^2/c^2}} = (1-v^2/c^2)^{-\frac{1}{2}} = 1+\frac{1}{2}(\frac{v}{c})^2+\frac{3}{8}(\frac{v}{c})^4+\cdots,$$

所以忽略了 $\frac{3}{8}(\frac{v}{c})^4$ 之后的近似值是 $\frac{1}{\sqrt{1-v^2/c^2}}=1+\frac{1}{2}(\frac{v}{c})^2$。

将这一结果代入到（4）式中，就成了（5）式。]

从这个等式中可以直接得出：

如果一个物体以辐射的方式发出能量 L，它的质量将减少 L/c_2。离开物体的能量变成了辐射能量这个事实显然并没什么影响，因此我们得出更普遍的结论。

从坐标系（ξ，η，ζ）看到的物体速度 v，在发射光前后并没有变化，所以爱因斯坦认为物体运动能量的减少只能在物体质量减少的基础之上。

但是在牛顿力学中，以速度 v 运动的质量 m 的物体所具有的运动能量 K。

K=（请补充公式）。

这里从狭义相对论中引导出的是通过发射光运动能量减少的量为

$$K_0 - K_1 = \frac{1}{2}\frac{L}{c^2}v^2 \tag{5}$$

（5）式中的 $L/c2$ 表示质量的减少量。

假设这一质量的减少量为 m，则可以引导出

■ 科学的感动：爱因斯坦和相对论

$$\frac{L}{c^2} = m。$$

将物体释放的能量 L 替换为 E，就变成了我们熟悉的公式。也就是

$E=mc^2$

物体的质量是它所包含的能量的标尺。如果能量改变了 L，质量随之改变 L/9×1020，能量单位为尔格，质量为克。

如果有所含能量以高水平变化的物质比如氯化镭这样的，这个理论就有可能得到验证。

如果该理论能变成事实，辐射就能够在发射和吸收物体之间传递能量。

伯尔尼 1905 年 9 月

参考文献

爱因斯坦．爱因斯坦选集．共立出版，1970．
爱因斯坦．相对论．岩波文库，1988．
爱因斯坦，英费尔德．物理学是如何创立的．岩波新书，1963．
英费尔德．爱因斯坦的世界．bluebox，1975．
盖莫，斯塔纳德．不可思议的宇宙汤姆金斯．白杨社，2001．
卡拉普莱斯．爱因斯坦语录．大月书店，增补新版 2006．
西里格．爱因斯坦生平．东京图书，1974．
派斯．上帝是微妙的．产业图书，1987．
海森伯．部分和整体．misuzu 书房，新版 1999．
彭加勒．科学和假设．岩波文库，1959．
马赫．时间和空间．法政大学出版局，1978．
朗道．相对论入门．东京图书，1963．
内山隆雄．相对论．岩波书店，新版 1987．
佐藤胜彦．享用"相对论"．PHP 文库，1998．
佐藤文隆．爱因斯坦的思考．演播成年人新书，1981．
志村史夫．全面了解爱因斯坦．新潮新书，2007．
都筑卓司．四维世界．bluebox，新装版 2002．
都筑卓司．10 岁开始的相对论．bluebox，1984．
福岛肇．相对论的 ABC．bluebox，新装版 2007．
矢野健太郎．爱因斯坦传．新潮文库，1997．
Logergist．物理闲谈．岩波书店，新装版 2009．
茂木健一郎．脑和可感受特质．日经科学，1997．
茂木健一郎．可感受特质入门．thikuma 学艺文库，2006．